Die relativistische Masse

Torsten Fließbach

Die relativistische Masse

Springer Spektrum

Torsten Fließbach
Universität Siegen
Siegen, Deutschland

ISBN 978-3-662-58083-7   ISBN 978-3-662-58084-4   (eBook)
https://doi.org/10.1007/978-3-662-58084-4

Die Deutsche Nationalbibliothek verzeichnet diese Publikation in der Deutschen Nationalbibliografie; detaillierte bibliografische Daten sind im Internet über http://dnb.d-nb.de abrufbar.

Springer Spektrum
© Springer-Verlag GmbH Deutschland, ein Teil von Springer Nature 2018

Verantwortlich im Verlag: Lisa Edelhäuser

Springer Spektrum ist ein Imprint der eingetragenen Gesellschaft Springer-Verlag GmbH, DE und ist ein Teil von Springer Nature
Die Anschrift der Gesellschaft ist: Heidelberger Platz 3, 14197 Berlin, Germany

Vorwort

Dieses Buch enthält eine kurze Einführung in die relativistische Mechanik. Dabei stehen die Bewegungsgleichungen für ein Masseteilchen im Mittelpunkt. Es richtet sich an Studenten, die bereits erste Erfahrungen (Vorlesung, Lehrbuch) mit der Relativitätstheorie in der Mechanik und Elektrodynamik haben. Alle Größen und Gleichungen werden aber soweit erklärt, dass jeder der Diskussion folgen kann.

Die relativistischen Bewegungsgleichungen können als Verallgemeinerung des 2. Newtonschen Axioms aufgefasst werden. Dabei findet man in der Literatur häufig folgendes Rezept für diese Verallgemeinerung: Man ersetzt die Masse m des Teilchens durch die relativistische Masse $m_{\text{rel}} = m/\sqrt{1 - v^2/c^2}$; dabei ist v die Geschwindigkeit des Teilchens, und c die Lichtgeschwindigkeit.

In vielen Fällen funktioniert dieses Rezept $m \rightarrow m_{\text{rel}}$. Auch für das Verständnis der Ergebnisse kann die durch $m_{\text{rel}}(v)$ beschriebene effektive Trägheit hilfreich sein. Das Rezept $m \rightarrow m_{\text{rel}}$ ist aber nicht allgemein gültig: Es gibt korrekte Newtonsche Bewegungsgleichungen, die mit diesem Rezept zu falschen Ergebnissen führen.

Für unsere Diskussion werden zunächst die relevanten Konzepte der relativistischen Mechanik eingeführt. Dies kann man auch in meinen Lehrbüchern nachlesen (insbesondere Teil IX *Relativistische Mechanik* in meiner *Mechanik* [1] und Teil IV meiner *Elektrodynamik* [2]). Auf dieser Grundlage kann dann die Frage nach der Relevanz der relativistischen Masse beantwortet werden. Ein wichtiger Gesichtspunkt ist dabei die Logik, mit der physikalische Gesetze mit Hilfe von Symmetrieprinzipien verallgemeinert werden. Dieser Gesichtspunkt spielt auch in der Allgemeinen Relativitätstheorie (ART) [3,4] eine zentrale Rolle.

Lisa Edelhäuser vom Springer-Verlag hat den Anstoß zu diesem kleinen Buch gegeben und seine Fertigstellung konzeptionell und inhaltlich begleitet. Hans Walliser gilt mein Dank für wertvolle Hinweise und Vorschläge. Fehlermeldungen, Bemerkungen und sonstige Hinweise sind jederzeit willkommen, etwa über den Kontaktlink auf meiner Homepage www2.uni-siegen.de/ ~flieba/. Auf dieser Homepage finden sich auch eventuelle Korrekturlisten.

August 2018   Torsten Fließbach

Literaturangaben

[1] T. Fließbach, *Mechanik*, 7. Auflage,
Springer-Spektrum 2017

[2] T. Fließbach, *Elektrodynamik*, 6. Auflage,
Springer-Spektrum 2012

[3] S. Weinberg, *Gravitation and Cosmology*,
John Wiley 1972

[4] T. Fließbach, *Allgemeine Relativitätstheorie*,
7. Auflage, Springer-Spektrum 2016

Inhaltsverzeichnis

1 Einführung und Überblick

Newtons 2. Axiom beschreibt die Bewegung eines Teilchens unter dem Einfluss einer Kraft F_N:

$$\frac{d}{dt}\big(m\,\boldsymbol{v}(t)\big) = \boldsymbol{F}_N \qquad \text{(in IS)} \qquad (1.1)$$

Dabei ist $\boldsymbol{v}(t)$ die von der Zeit t abhängige Geschwindigkeit des Teilchens. Das betrachtete Teilchen wird idealisiert als Massenpunkt mit der Masse m betrachtet. Ein Massenpunkt ist ein Körper, für dessen Bewegung nur sein Ort relevant oder von Interesse ist, zum Beispiel die Erde im Keplerproblem.

Newtons Axiom ist zum einen eine Aussage über die Bewegung. Zum anderen definiert (1.1) die Masse als *Messgröße*: Eine bestimmte, in ihrer Größe unbekannte Kraft wirke auf zwei Körper 1 und 2. Wir messen die Beschleunigungen $a_1 = dv_1/dt$ und $a_2 = dv_2/dt$, die durch die Kraft hervorgerufen werden. Nach (1.1) ist das Verhältnis m_1/m_2 durch a_2/a_1 gegeben; damit ist m_1/m_2 als Messgröße festgelegt. Wir definieren nun willkürlich die Masse eines bestimmten Körpers als eine Masseneinheit, konkret das Kilogramm (kg). Damit ist die Masse m als Messgröße definiert. Bei bekannter Masse stellt (1.1) dann auch eine Vorschrift zur Messung der Kraft dar.

© Springer-Verlag GmbH Deutschland, ein Teil von Springer Nature 2018
T. Fließbach, *Die relativistische Masse*,
https://doi.org/10.1007/978-3-662-58084-4_1

In der relativistischen Mechanik wird (1.1) verallgemeinert zu

$$\frac{d}{d\tau}\left(m\,u^{\alpha}(\tau)\right) = F^{\alpha} \qquad \text{(in IS)} \qquad (1.2)$$

Dabei ist $d\tau = dt/\gamma$ mit $\gamma = 1/\sqrt{1 - v^2/c^2}$, und $(u^{\alpha}) = (u^0, u^1, u^2, u^3) = \gamma(c, v_x, v_y, v_z)$ ist die Vierergeschwindigkeit. Damit sind m, u^{α} und $d\tau$ definiert, während die Minkowskikraft $(F^{\alpha}) = (F^0, F^1, F^2, F^3)$ ein noch zu spezifizierender Vektor ist.

Beide Gleichungen, (1.1) und (1.2), beziehen sich auf Inertialsysteme (IS) als ausgezeichnete Bezugssysteme. IS sind Systeme, die gegenüber den Massen im Universum nicht beschleunigt sind. Verschiedene IS können sich also relativ zueinander mit konstanter Geschwindigkeit bewegen. In Nicht-IS sind die Bewegungsgleichungen komplizierter, es treten etwa zusätzliche Terme auf (zum Beispiel in der Form einer Corioliskraft in rotierenden Bezugssystemen).

Das von Galilei aufgestellte Relativitätsprinzip (RP) behauptet die Gleichwertigkeit aller IS. In der modifizierten Einsteinschen Formulierung des RP werden die Galileitransformationen zwischen verschiedenen IS durch die Lorentztransformationen (LT) ersetzt (Kapitel 2). Die Spezielle Relativitätstheorie (SRT) stellt die zugehörigen Gesetze auf, die forminvariant unter LT sind.

Für die formale und vollständige Ableitung von (1.2) geht man davon aus, dass Gleichung (1.1) im Grenzfall $v \to 0$ auch relativistisch gültig ist (im momentanen Ruhsystem IS$'$). Mit den in Kapitel 2 eingeführten Lorentztransformationen zwischen verschiedenen IS erhält man dann die relativistischen Bewegungsgleichungen in beliebigen IS (Kapitel 3). Dies legt auch die Minkowskikraft F^α fest.

Vielfach findet man in der Literatur die Aussage, dass man in (1.1) lediglich die Masse m durch die *relativistische Masse*

$$m_{\text{rel}}(v) = \frac{m}{\sqrt{1 - v^2/c^2}} \qquad (1.3)$$

ersetzen muss, um die korrekte relativistische Gleichung zu erhalten. Für dieses Rezept $m \rightarrow m_{\text{rel}}$ schreibt man (1.1) so, dass die Masse unter der Zeitableitung steht. Ansonsten kann die zeitunabhängige Masse m in (1.1) und (1.2) genauso gut vor der Zeitableitung stehen.

Die Anwendung des Rezepts $m \rightarrow m_{\text{rel}}$ würde ausgehend von F_{N} in (1.1) die Minkowskikraft F^α in (1.2) festlegen. Die Frage nach der Gültigkeit des Rezepts $m \rightarrow m_{\text{rel}}$ ist daher mit der Frage verknüpft, wie die Kräfte in (1.1) und (1.2) zusammenhängen. Kapitel 4 untersucht die Relation zwischen der Newtonschen Kraft F_{N} und der Minkowskikraft (F^α). Das ist auch deshalb von Interesse, weil man in der Literatur hierzu unterschiedliche Angaben findet.

Kapitel 5 bewertet die physikalische und die praktische Bedeutung der relativistischen Masse. Kapitel 6 fasst die Beurteilung der relativistischen Masse zusammen: Natürlich steht es einem frei, den Begriff der relativistischen Masse m_{rel} einzuführen. Die relativistische Masse hat ein wohldefiniertes Verhalten unter Lorentztransformationen, und sie ist bis auf einen konstanten Faktor gleich der Energie des bewegten Teilchens. Das Rezept $m \rightarrow m_{\text{rel}}$ zur Aufstellung der relativistischen Bewegungsgleichung führt in vielen, aber nicht in allen Fällen zum richtigen Ergebnis. Das Rezept $m \rightarrow m_{\text{rel}}$ ist daher nicht allgemein gültig.

Die Grundlage dieser Untersuchungen ist eine Einführung in die relevanten Aspekte der Speziellen Relativitätstheorie (SRT). Dazu gehören das Relativitätsprinzip, die Lorentztransformationen und Lorentztensoren, und die relativistische Bewegungsgleichung (Kapitel 2 und 3). Die zentrale Diskussion über die Gültigkeit des Rezepts $m \rightarrow m_{\text{rel}}$ beginnt dann in Kapitel 4. Unser Thema mit den Eckpunkten (1.1) bis (1.3) liegt auf dem Gebiet der Mechanik. Wichtige und instruktive Anwendungen beziehen sich aber auf elektromagnetische Kräfte (Lorentzkraft), und zwar auch deshalb, weil die Elektrodynamik eine relativistische Theorie ist. Für diesen Zweck gibt Anhang A eine Einführung in die kovariante Formulierung der Maxwellgleichung und stellt dabei die für unsere Diskussion notwendigen Beziehungen auf.

Für eine erste Lektüre dieses Buchs empfehle ich die Kapitel 2 bis 6 (ohne die Abschnitte 2.5 und 5.3). Leser mit Vorkenntnissen könnten sich auch direkt Kapitel 4 ansehen, das den zentralen Punkt dieses Buchs mit wenigen Formeln erklärt.

2 Relativitätsprinzip

2.1 Inertialsysteme

Wir beziehen uns auf Inertialsysteme (IS), also Bezugssysteme, die sich relativ zu den Massen im Universum mit
konstanter Geschwindigkeit bewegen. In jedem IS seien
kartesische Koordinaten x, y, z und eine Zeitkoordinate t
definiert. Dabei werden räumliche Koordinaten durch in
IS ruhende Maßstäbe bestimmt, und t ist die Zeit, die eine in IS ruhende Uhr anzeigt. Durch die Angabe von vier
Werten für diese Koordinaten wird ein *Ereignis* definiert,

$$\text{Ereignis:} \quad (x,\, y,\, z,\, t) \qquad (2.1)$$

Die Bewegung eines Massenpunkts wird durch eine
Bahnkurve beschrieben. Eine solche Bahnkurve ist eine
Folge von Ereignissen.

Dasselbe Ereignis hat in zwei verschiedenen Inertialsystemen, IS und IS$'$, verschiedene Koordinatenwerte
(Abbildung 1). Die zu diskutierende Transformation (Galilei oder Lorentz) verknüpft diese Koordinatenwerte. Die
Transformationen, unter denen die Newtonschen Axiome
ihre Form beibehalten, sind die Galileitransformationen.
Wir beschränken uns hier auf die

Spezielle Galileitransformation:

$$x' = x - v\,t\,, \quad y' = y\,, \quad z' = z\,, \quad t' = t \qquad (2.2)$$

Diese Transformation verknüpft zwei Inertialsysteme mit
parallelen Achsen und der Relativgeschwindigkeit $v =$

© Springer-Verlag GmbH Deutschland, ein Teil von Springer Nature 2018
T. Fließbach, *Die relativistische Masse*,
https://doi.org/10.1007/978-3-662-58084-4_2

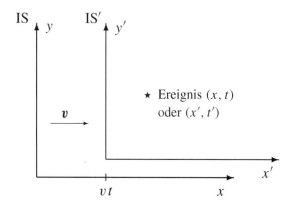

Abbildung 1 Ein bestimmtes Ereignis (⋆) habe die Koordinaten x, t im Inertialsystem IS. Welche Koordinaten x', t' hat dasselbe Ereignis dann in IS$'$, das sich relativ zu IS mit v bewegt? Die Galileitransformation zwischen (x', t') und (x, t) wird in der Speziellen Relativitätstheorie (SRT) durch die Lorentztransformation ersetzt.

$v\,\boldsymbol{e}_x$, Abbildung 1. Der Ursprung von IS$'$ fällt bei $t = t' = 0$ mit dem Ursprung von IS zusammen.

2.2   Einstein versus Galilei

Verschiedene Inertialsysteme (IS) können sich relativ zueinander mit konstanter Geschwindigkeit bewegen. Unter den möglichen IS ist keines ausgezeichnet, es gilt das von Galilei aufgestellte

RELATIVITÄTSPRINZIP:

„Alle Inertialsysteme sind gleichwertig."

Das bedeutet insbesondere, dass die Newtonschen Bewegungsgleichungen ihre Form unter Galileitransformationen beibehalten. Überraschenderweise stellt man jedoch experimentell fest, dass Licht sich in IS und IS' mit der gleichen Geschwindigkeit $c \approx 3 \cdot 10^8$ m/s bewegt, und das steht im Widerspruch zur Galileitransformation:

$$\frac{dx'}{dt'} = c \quad \xrightarrow[\text{Galileitransformation}]{x' = x - vt, \ t' = t} \quad \frac{dx}{dt} = c + v \quad (2.3)$$

Einstein ergänzt das Relativitätsprinzip „Alle Inertialsysteme sind gleichwertig" durch die Forderung, dass Licht sich in allen IS mit derselben Geschwindigkeit c bewegt. Dies erfordert eine andere Transformation zwischen den IS:

$$\frac{dx'}{dt'} = c \quad \xrightarrow[\text{Lorentztransformation}]{c^2 dt'^2 - dx'^2 = c^2 dt^2 - dx^2} \quad \frac{dx}{dt} = c$$
$$(2.4)$$

Die Bedingung $c^2 dt'^2 - dx'^2 = c^2 dt^2 - dx^2$ garantiert die Konstanz der Lichtgeschwindigkeit. Die Aussage des Relativitätsprinzips (RP) „Alle Inertialsysteme sind gleichwertig" bleibt erhalten, es wird jedoch ergänzt durch

Galileis RP: Galileitransformation zwischen IS
Einsteins RP: Lorentztransformation zwischen IS

Physikalisch bedeutet Galileis RP, das Newtons Gesetze relativistisch sind. Einsteins RP impliziert dagegen, dass die Maxwellgleichungen relativistisch sind (mit einer vom IS unabhängigen Lichtgeschwindigkeit c), und dass die mechanischen Bewegungsgleichungen modifiziert werden müssen.

2.3   Lorentztransformation: Grundlagen

Zur Vereinfachung der Schreibweise nummerieren wir die Raum-Zeit-Koordinaten x^α von 0 bis 3:

$$\left(x^\alpha \right) = \left(x^0, x^1, x^2, x^3 \right) = \left(c\,t,\ x,\ y,\ z \right) \tag{2.5}$$

Griechische Indizes sollen immer von 0 bis 3 laufen. Wir definieren die zweifach indizierte Größe $\eta_{\alpha\beta}$ durch

$$\eta = \left(\eta_{\alpha\beta} \right) = \begin{pmatrix} 1 & 0 & 0 & 0 \\ 0 & -1 & 0 & 0 \\ 0 & 0 & -1 & 0 \\ 0 & 0 & 0 & -1 \end{pmatrix} \tag{2.6}$$

Damit schreiben wir den Abstand ds zwischen zwei infinitesimal benachbarten Ereignissen als

$$ds^2 = c^2 dt^2 - dx^2 - dy^2 - dz^2 \tag{2.7}$$

$$= \sum_{\alpha=0}^{3} \sum_{\beta=0}^{3} \eta_{\alpha\beta}\, dx^\alpha\, dx^\beta \equiv \eta_{\alpha\beta}\, dx^\alpha\, dx^\beta$$

Die Größe ds heißt (vierdimensionales) *Wegelement*. Im letzten Schritt haben wir die *Summenkonvention* eingeführt: Über zwei gleiche Indizes, von denen der eine oben und der andere unten steht, wird summiert. Im Folgenden schreiben wir das Summenzeichen nicht mehr an.

Die in (2.4) angegebene Bedingung für die Unabhängigkeit der Lichtgeschwindigkeit vom IS lautet

$$ds^2 = ds'^2 \tag{2.8}$$

Wir stellen nun die *Lorentztransformation* (LT) auf, die diese Bedingung erfüllt. Diese Transformation stellt die Beziehung zwischen den Koordinaten x^α und x'^α desselben Ereignisses in IS und IS' her. Wegen der Homogenität von Raum und Zeit können wir sie als *lineare* Transformation ansetzen:

$$x'^\alpha = \Lambda^\alpha_\beta x^\beta \tag{2.9}$$

Ausführlich in Matrixschreibweise bedeutet dies

$$\begin{pmatrix} x'^0 \\ x'^1 \\ x'^2 \\ x'^3 \end{pmatrix} = \begin{pmatrix} \Lambda^0_0 & \Lambda^0_1 & \Lambda^0_2 & \Lambda^0_3 \\ \Lambda^1_0 & \Lambda^1_1 & \Lambda^1_2 & \Lambda^1_3 \\ \Lambda^2_0 & \Lambda^2_1 & \Lambda^2_2 & \Lambda^2_3 \\ \Lambda^3_0 & \Lambda^3_1 & \Lambda^3_2 & \Lambda^3_3 \end{pmatrix} \begin{pmatrix} x^0 \\ x^1 \\ x^2 \\ x^3 \end{pmatrix}$$

Da die Λ^α_β nicht von den Koordinaten abhängen, gilt

$$dx'^\beta = \Lambda^\beta_\alpha dx^\alpha \tag{2.10}$$

Hiermit werten wir die Invarianz $ds^2 = ds'^2$ aus,

$$\begin{aligned} ds'^2 &= \eta_{\alpha\beta}\, dx'^\alpha\, dx'^\beta = \eta_{\alpha\beta}\, \Lambda^\alpha_\gamma\, \Lambda^\beta_\delta\, dx^\gamma dx^\delta \\ &\overset{!}{=} ds^2 = \eta_{\gamma\delta}\, dx^\gamma dx^\delta \end{aligned} \tag{2.11}$$

Da die Invarianz für beliebige dx gelten soll, folgt

$$\eta_{\alpha\beta}\, \Lambda^\alpha_\gamma\, \Lambda^\beta_\delta = \eta_{\gamma\delta} \quad \text{oder} \quad \Lambda^T \eta\, \Lambda = \eta \tag{2.12}$$

Im letzten Ausdruck haben wir die Matrixschreibweise mit der Matrix $\Lambda = (\Lambda^\alpha_\beta)$ eingeführt. Dabei ist der obere Index von Λ^α_β der Zeilenindex, der untere der Spaltenindex, und Λ^T ist die transponierte Matrix. Die Aussage $\Lambda^T \eta\, \Lambda = \eta$ entspricht der Bedingung $\alpha^T \alpha = 1$ bei orthogonalen Transformationen.

2.4   Spezielle Lorentztransformation

Für Drehungen und räumliche oder zeitliche Verschiebungen ergeben sich keine Unterschiede zwischen Galilei- und Lorentztransformationen. Das Relativitätsprinzip von Galilei und das von Einstein implizieren gleichermaßen die Isotropie und Homogenität des Raums und die Homogenität der Zeit, also zum Beispiel die Gleichwertigkeit von Inertialsystemen mit verschieden orientierten Achsen. Wir beschränken uns daher im Folgenden auf die Relativbewegung zwischen zwei IS mit parallelen Achsen. Die hierfür relevanten Ergebnisse lassen sich im Rahmen der speziellen Anordnung von Abbildung 1 mit

$$y' = y \,, \qquad z' = z \tag{2.13}$$

finden. Gesucht ist dann nur noch die Transformation zwischen x, t und x', t'. Das Λ dieser speziellen Lorentztransformation ist daher von der Form

$$\Lambda = \left(\Lambda_\alpha^\beta \right) = \begin{pmatrix} \Lambda_0^0 & \Lambda_1^0 & 0 & 0 \\ \Lambda_0^1 & \Lambda_1^1 & 0 & 0 \\ 0 & 0 & 1 & 0 \\ 0 & 0 & 0 & 1 \end{pmatrix} \tag{2.14}$$

Wir schreiben die Bedingung (2.12), also $\Lambda^{\mathrm{T}} \eta \, \Lambda = \eta$, im relevanten Unterraum an:

$$\begin{pmatrix} \Lambda_0^0 & \Lambda_0^1 \\ \Lambda_1^0 & \Lambda_1^1 \end{pmatrix} \begin{pmatrix} 1 & 0 \\ 0 & -1 \end{pmatrix} \begin{pmatrix} \Lambda_0^0 & \Lambda_1^0 \\ \Lambda_0^1 & \Lambda_1^1 \end{pmatrix} = \begin{pmatrix} 1 & 0 \\ 0 & -1 \end{pmatrix} \tag{2.15}$$

Ausmultipliziert sind dies vier Gleichungen, von denen aber zwei gleich sind. Damit erhalten wir die drei Bedingungen:

$$\left(\Lambda_0^0\right)^2 - \left(\Lambda_0^1\right)^2 = 1$$

$$-\left(\Lambda_1^1\right)^2 + \left(\Lambda_1^0\right)^2 = -1 \qquad (2.16)$$

$$\Lambda_0^0 \Lambda_1^0 - \Lambda_0^1 \Lambda_1^1 = 0$$

Ohne Einschränkung der Allgemeinheit können wir $\Lambda_0^1 = -\sinh\psi$ und $\Lambda_1^0 = -\sinh\varphi$ setzen. Die erste Bedingung wird dann durch $\Lambda_0^0 = \pm\cosh\psi$ gelöst, die zweite durch $\Lambda_1^1 = \pm\cosh\varphi$. Die Transformation soll den Grenzfall der identischen Transformation enthalten; daher lassen wir jeweils nur das Pluszeichen zu. Aus der dritten Bedingung in (2.16) folgt $\varphi = \psi$. Damit erhalten wir

$$\begin{pmatrix} \Lambda_0^0 & \Lambda_1^0 \\ \Lambda_0^1 & \Lambda_1^1 \end{pmatrix} = \begin{pmatrix} \cosh\psi & -\sinh\psi \\ -\sinh\psi & \cosh\psi \end{pmatrix} \qquad (2.17)$$

Man vergleiche dies mit der bekannten Form einer orthogonalen Transformation, die das Wegelement $d\ell^2 = dx^2 + dy^2$ invariant lässt (bei einer Drehung um die z-Achse). Das andere Vorzeichen in der quadratischen Form von $ds^2 = c^2 dt^2 - dx^2$ führt zu den Hyperbelfunktionen anstelle der trigonometrischen Funktionen.

Wir wenden die Transformation $x' = x\cosh\psi - ct\sinh\psi$ auf den Ursprung von IS$'$ an, setzen also $x' = 0$ und $x = vt$ ein. Das ergibt $v/c = \tanh\psi$ oder

$$\psi = \operatorname{artanh}\frac{v}{c} \qquad \text{(Rapidität)} \qquad (2.18)$$

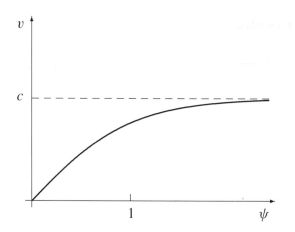

Abbildung 2 Zusammenhang zwischen der Geschwindigkeit $v/c = \tanh \psi$ und der Rapidität ψ.

Die Größe ψ heißt *Rapidität*. Der Zusammenhang zwischen der Rapidität ψ und der Geschwindigkeit v ist in Abbildung 2 dargestellt.

Zwei sukzessive LT mit den parallelen Geschwindigkeiten v_1 und v_2 ergeben die LT $\Lambda(V) = \Lambda(v_2)\,\Lambda(v_1)$; dabei sind die Λ von der Form (2.17). Hieraus folgt $\psi(V) = \psi_1 + \psi_2$ für die Rapiditäten und das Additionstheorem $V = (v_1 + v_2)/(1 + v_1 v_2/c^2)$ für die Geschwindigkeiten.

Für beliebiges ψ gilt $v < c$ für die Relativgeschwindigkeit v zwischen IS und IS′. Es gibt damit kein Inertialsystem, das sich relativ zu einem anderen mit Lichtgeschwindigkeit (oder schneller) bewegt. Wegen der divergierenden effektiven Trägheit, $m_{\text{rel}}(v) \to \infty$ für $v \to c$, ist ein solches Bezugssystem nicht zu realisieren.

Die gesuchte spezielle LT ist nun

$$\begin{pmatrix} c\,t' \\ x' \end{pmatrix} = \begin{pmatrix} \cosh\psi & -\sinh\psi \\ -\sinh\psi & \cosh\psi \end{pmatrix} \begin{pmatrix} c\,t \\ x \end{pmatrix}$$

$$= \begin{pmatrix} \gamma & -\gamma\,v/c \\ -\gamma\,v/c & \gamma \end{pmatrix} \begin{pmatrix} c\,t \\ x \end{pmatrix} \quad (2.19)$$

Im unteren Teil haben wir alle Elemente wieder durch die Geschwindigkeit v ausgedrückt und dabei den Lorentzfaktor γ eingeführt:

$$\gamma = \frac{1}{\sqrt{1 - v^2/c^2}} = \cosh\psi \quad (2.20)$$

Wir schreiben die spezielle LT noch ausführlich in Komponenten an:

$$c\,t' = \frac{c\,t - x\,v/c}{\sqrt{1 - v^2/c^2}}, \quad x' = \frac{x - v\,t}{\sqrt{1 - v^2/c^2}}, \quad \begin{array}{l} y' = y \\ z' = z \end{array}$$
$$(2.21)$$

Für $v \ll c$ reduziert sich dies auf die spezielle Galileitransformation (2.2).

2.5 Lorentztensoren

2.5.1 Definition

In diesem Abschnitt behandeln wir die Lorentztensoren ausführlicher und formaler. Dieser Abschnitt wird für Anhang A benötigt. Abgesehen von der folgenden Seite (mit einigen grundlegenden Definitionen) kann dieser Abschnitt übersprungen werden.

Ein *Lorentzvektor* ist eine einfach indizierte Größe V^α, die sich wie die Koordinaten transformiert:

$$V'^\beta = \Lambda^\beta_\alpha \, V^\alpha \qquad (2.22)$$

Alternative Bezeichnungen sind 4-Vektor, Vierervektor oder *Lorentztensor* 1-ter Stufe. Beispiele für Lorentzvektoren sind die Koordinaten $(x^\alpha) = (ct, x, y, z)$, die Differenziale dx^α und die 4-Geschwindigkeit $u^\alpha = c\,dx^\alpha/ds$. Die griechischen Indizes laufen von 0 bis 3, lateinische von 1 bis 3. Wir verwenden die Summenkonvention wie in (2.7).

Ein Lorentztensor N-ter Stufe ist eine N-fach indizierte Größe, die sich komponentenweise wie die Koordinaten transformiert:

$$T'^{\alpha_1...\alpha_N} = \Lambda^{\alpha_1}_{\beta_1} \cdots \Lambda^{\alpha_N}_{\beta_N} \, T^{\beta_1...\beta_N} \qquad (2.23)$$

Üblich sind auch Bezeichnungen wie Vierertensor oder 4-Tensor. Unter *Tensor* wird immer die Gesamtheit der Komponenten verstanden. Ein *Lorentzskalar* oder Tensor 0-ter Stufe ist eine nichtindizierte Größe, die unter LT invariant ist. Ein Beispiel für einen Lorentzskalar ist das Wegelement ds.

Durch

$$V_\alpha = \eta_{\alpha\beta} \, V^\beta \qquad (2.24)$$

ordnen wir den Größen mit obenstehenden *kontravarianten* Indizes die entsprechenden Größen mit untenstehenden *kovarianten* Indizes zu. Der Begriff *kovariant* wird unabhängig hiervon auch als Synonym zu *forminvariant* verwendet (unter bestimmten Transformationen, wie etwa Galilei oder Lorentz).

Durch $\eta_{\alpha\beta}$ können wie in (2.24) einzelne (oder mehrere) kontravariante Indizes eines Tensors herunter gezogen werden. In der Regel muss dabei auf die Reihenfolge der Indizes geachtet werden ($T^{\alpha}{}_{\beta}$ ist im Allgemeinen nicht gleich $T_{\beta}{}^{\alpha}$).

Die Koordinaten $(x^{\alpha}) = (x^0, x^1, x^2, x^3) = (ct, x, y, z)$ stellen einen kontravarianten Lorentzvektor dar. Der entsprechende kovariante Vektor ist dann $(x_{\alpha}) = (\eta_{\alpha\beta}\, x^{\beta}) = (ct, -x, -y, -z)$.

Ein kovarianter Vektor transformiert sich wie folgt:

$$
\begin{aligned}
V'_{\alpha} &= \eta_{\alpha\beta}\, V'^{\beta} = \eta_{\alpha\beta}\, \Lambda^{\beta}_{\gamma}\, V^{\gamma} \\
&= \eta_{\alpha\beta}\, \Lambda^{\beta}_{\gamma}\, \eta^{\gamma\delta}\, V_{\delta} = \overline{\Lambda}^{\delta}_{\alpha}\, V_{\delta} \qquad (2.25)
\end{aligned}
$$

Hierbei haben wir die Größen $\overline{\Lambda}^{\delta}_{\alpha}$ eingeführt:

$$
\overline{\Lambda}^{\delta}_{\alpha} = \eta_{\alpha\beta}\, \Lambda^{\beta}_{\gamma}\, \eta^{\gamma\delta} \qquad (2.26)
$$

Wir multiplizieren dies mit $\Lambda^{\alpha}_{\epsilon}$:

$$
\overline{\Lambda}^{\delta}_{\alpha}\, \Lambda^{\alpha}_{\epsilon} = \eta_{\alpha\beta}\, \Lambda^{\beta}_{\gamma}\, \eta^{\gamma\delta}\, \Lambda^{\alpha}_{\epsilon} \overset{(2.12)}{=} \eta^{\gamma\delta}\, \eta_{\gamma\epsilon} = \delta^{\delta}_{\epsilon} \qquad (2.27)
$$

Analog hierzu gilt $\Lambda^{\epsilon}_{\delta}\, \overline{\Lambda}^{\delta}_{\alpha} = \delta^{\epsilon}_{\alpha}$. Die Transformation $\overline{\Lambda} = \eta\, \Lambda\, \eta$ ist also die zu Λ inverse Matrix. Sie vermittelt daher auch die Rücktransformation

$$
V^{\gamma} = \overline{\Lambda}^{\gamma}_{\alpha}\, V'^{\alpha} \qquad (2.28)
$$

2.5.2 Minkowski- und Levi-Civita-Tensor

Durch (2.6) wurde $\eta = (\eta_{\alpha\beta}) = (\eta^{\alpha\beta})$ als konstante Matrix definiert. Tatsächlich können wir die indizierten Größen $\eta^{\alpha\beta}$ und $\eta_{\alpha\beta}$ auch als Tensoren auffassen und mittransformieren, denn

$$\eta'_{\alpha\beta} \stackrel{(2.25)}{=} \bar{\Lambda}^\gamma_\alpha \, \bar{\Lambda}^\delta_\beta \, \eta_{\gamma\delta} \stackrel{(2.12)}{=} \bar{\Lambda}^\gamma_\alpha \, \bar{\Lambda}^\delta_\beta \, \Lambda^\mu_\gamma \, \Lambda^\nu_\delta \, \eta_{\mu\nu}$$

$$\stackrel{(2.27)}{=} \eta_{\alpha\beta} \tag{2.29}$$

Der Tensor η wird *Minkowskitensor* genannt. Wegen

$$\eta^\alpha{}_\beta \stackrel{(2.24)}{=} \eta^{\alpha\gamma} \, \eta_{\gamma\beta} = \delta^\alpha_\beta \tag{2.30}$$

ist auch das Kroneckersymbol δ^α_β ein 4-Tensor. Da η symmetrisch ist, können die Indizes hier auch übereinander geschrieben werden, $\eta^\alpha{}_\beta = \eta_\beta{}^\alpha = \eta^\alpha_\beta = \delta^\alpha_\beta$.

In (2.7) hatten wir die durch (2.6) definierte Zahlen-Matrix η zur kompakten Formulierung des Wegelements ds^2 verwendet. Jetzt können wir zum Beispiel sagen, dass die Tensoren 2-ter Stufe $dx^\alpha dx^\beta$ und $\eta^{\gamma\delta}$ miteinander multipliziert einen Tensor 4-ter Stufe ergeben. Dieser wird dann durch *Kontraktion* (Gleichsetzung zweier Indizes, einer oben einer unter, und Summation gemäß Summenkonvention) zu einem Lorentzskalar. Wir schreiben das für das Skalarprodukt der beiden Lorentzvektoren U^α und V^β an:

$$U^\alpha V_\alpha = U_\alpha V^\alpha = \eta_{\alpha\beta} \, U^\alpha V^\beta = \eta^{\alpha\beta} U_\alpha V_\beta = \text{L-Skalar} \tag{2.31}$$

Eine weitere konstante Größe, die als Tensor im Minkowskiraum aufgefasst werden kann, ist der total antisymmetrische Tensor:

$$\epsilon^{\alpha\beta\gamma\delta} = \begin{cases} +1 & \text{gerade Permutation} \\ -1 & \text{ungerade Permutation} \\ 0 & \text{sonst} \end{cases} \qquad (2.32)$$

Permutation bedeutet hier, dass die Indizes $(\alpha, \beta, \gamma, \delta)$ eine (gerade oder ungerade) Permutation von $(0, 1, 2, 3)$ sind. Der total antisymmetrische Tensor wird auch *Levi-Civita-Tensor* genannt.

Wenn auf der rechten Seite von (2.23) ein zusätzlicher Faktor $\det \Lambda$ steht, dann ist die so definierte Größe ein Pseudotensor. (Aus (2.12) folgt $\det \Lambda = \pm 1$; üblicherweise betrachten wir nur LT mit $\det \Lambda = 1$). Der Levi-Civita-Tensor ist ein solcher Pseudotensor:

$$\epsilon'^{\alpha\beta\gamma\delta} = \left(\det \Lambda \right) \Lambda^{\alpha}_{\alpha'} \, \Lambda^{\beta}_{\beta'} \, \Lambda^{\gamma}_{\gamma'} \, \Lambda^{\delta}_{\delta'} \, \epsilon^{\alpha'\beta'\gamma'\delta'}$$

$$= \left(\det \Lambda \right)^2 \epsilon^{\alpha\beta\gamma\delta} = \epsilon^{\alpha\beta\gamma\delta} \qquad (2.33)$$

Die Determinante von Λ kann durch $\Lambda^0_\alpha \, \Lambda^1_\beta \, \Lambda^2_\gamma \, \Lambda^3_\delta \, \epsilon^{\alpha\beta\gamma\delta}$ definiert werden; dies gilt analog für andere quadratische Matrizen. Nach (2.33) ist die Transformation von $\epsilon^{\alpha\beta\gamma\delta}$ als Pseudotensor konsistent mit der Definition (2.32).

Die kovarianten Komponenten des Levi-Civita-Tensors ergeben sich aus

$$\epsilon_{\alpha\beta\gamma\delta} = \eta_{\alpha\alpha'} \, \eta_{\beta\beta'} \, \eta_{\gamma\gamma'} \, \eta_{\delta\delta'} \, \epsilon^{\alpha'\beta'\gamma'\delta'} = -\epsilon^{\alpha\beta\gamma\delta} \qquad (2.34)$$

2.5.3 Tensorfelder und ihre Differenziation

Wir erweitern die Tensordefinition auf Tensorfelder. Die
Funktionen $S(x)$, $V^\alpha(x)$ und $T^{\alpha\beta}(x)$ sind jeweils ein
Skalar-, Vektor- oder Tensorfeld, falls

$$S'(x') \;=\; S(x) \tag{2.35}$$

$$V'^\alpha(x') \;=\; \Lambda^\alpha_\beta \, V^\beta(x) \tag{2.36}$$

$$T'^{\alpha\beta}(x') \;=\; \Lambda^\alpha_\gamma \, \Lambda^\beta_\delta \, T^{\gamma\delta}(x) \tag{2.37}$$

Hierbei sind die Argumente mitzutransformieren, also
$x' = (x'^\alpha) = (\Lambda^\alpha_\beta \, x^\beta)$.

Tensorfelder können nach ihren Argumenten abgelei-
tet werden. Wir definieren die Größen ∂^α und ∂_α durch

$$\partial^\alpha \equiv \frac{\partial}{\partial x_\alpha} \quad \text{und} \quad \partial_\alpha \equiv \frac{\partial}{\partial x^\alpha} \tag{2.38}$$

Diese Größen sind Lorentzvektoren, zum Beispiel

$$\partial'_\alpha = \frac{\partial}{\partial x'^\alpha} = \frac{\partial x^\beta}{\partial x'^\alpha} \frac{\partial}{\partial x^\beta} \overset{(2.28)}{=} \bar{\Lambda}^\beta_\alpha \, \partial_\beta \tag{2.39}$$

Analog dazu transformiert sich ∂^α wie ein kontravarianter
Lorentzvektor.

Aus der Vektoreigenschaft von ∂^α und ∂_α folgt, dass
der d'Alembert-Operator

$$\Box = \partial^\alpha \partial_\alpha = \eta^{\alpha\beta} \partial_\alpha \partial_\beta = \frac{1}{c^2} \frac{\partial^2}{\partial t^2} - \Delta \tag{2.40}$$

ein Lorentzskalar ist. Diese Aussage verwenden wir im
folgenden Abschnitt und im Anhang A. Der Laplace-
Operator $\Delta = \partial^i \partial_i$ ist dagegen ein 3-Skalar.

Für die hier eingeführten Lorentztensoren gelten Rechenregeln, die analog zu denen für dreidimensionale Tensoren sind (Addition, Multiplikation, Kontraktion). Diese
Regeln findet der Leser ausführlicher in den Kapiteln 36
und 37 in [1].

2.6   SRT-Gesetze

Die formalen Transformationseigenschaften erleichtern
die Ausnutzung von Symmetrien. Solche Symmetrien
sind zum Beispiel die Isotropie des Raums (Gleichwertigkeit verschieden orientierter Koordinatensysteme KS)
oder das Relativitätsprinzip (Gleichwertigkeit verschieden bewegter IS).

Wegen der Isotropie des Raums dürfen grundlegende Gesetze nicht von der Orientierung des Koordinaten-
systems KS (mit den Koordinaten x, y und z) abhängen.
Sie müssen in einem gedrehten KS' die gleiche Form haben, also kovariant unter orthogonalen Transformationen
sein. Die Gesetze müssen daher die Form von Tensor-
gleichungen (mit 3-Tensoren) haben.

Wegen des Relativitätsprinzips dürfen grundlegende
Gesetze nicht von der Relativgeschwindigkeit des IS abhängen. Sie müssen daher in einem relativ zu IS bewegten
IS' die gleiche Form haben, also kovariant unter Lorentztransformationen sein (wir beziehen uns jetzt auf das Ein-
steinsche RP). Die Gesetze müssen daher die Form von
Lorentztensorgleichungen haben.

Die *Spezielle Relativitätstheorie* (SRT) umfasst alle in
diesem Sinn relativistischen Gesetze (kovariant unter LT).
Die Kovarianzforderung allein kann die Gesetze aber
nicht festlegen. Als weitere Bedingung für die aufzustel-
lenden Gesetze gilt daher, dass sie mit bekannten Grenz-
fällen übereinstimmen. Für die hier betrachteten Bewegungsgleichungen bedeutet das, dass sich das relativistische Gesetz im momentanen Ruhsystem IS$'$ (mit $v' \to 0$)
auf den bekannten Newtonschen Grenzfall reduziert.

Ein ganz anderes Beispiel ist die Verallgemeinerung
der Laplacegleichung zu den Maxwellgleichungen:

$$\Delta \Phi(r) = 4\pi \varrho(r) \xrightarrow[\text{Verallgemeinerung}]{\text{relativistische}} \Box A^\alpha(x) = \frac{4\pi}{c} j^\alpha(x)$$
$$(2.41)$$

Links steht die Feldgleichung der Elektrostatik, rechts
stehen die Maxwellgleichungen. Auf der linken Seite
ist der Laplaceoperator Δ ein 3-Skalar, er wird auf der
rechten Seite zum d'Alembert-Operator $\Box$ aus (2.40)
(4-Skalar). Das Potenzial Φ ist die 0-Komponente des
Vektorpotenzials A^α, die Ladungsdichte ϱ ist die 0-
Komponente der Viererstromdichte j^α. Die linke Seite
könnte der bekannte Grenzfall sein (etwa in einem IS$'$,
in dem die Ladungen ruhen). Die rechte Seite ist dann die
gesuchte relativistische Verallgemeinerung. Dies ist eine
stark reduzierte Skizze der Aufstellung der Maxwellgleichungen. Anhang A behandelt ausführlich die Maxwellgleichungen und ihre relativistische Natur.

Ein weiteres Beispiel aus der Elektrodynamik ist die
Verallgemeinerung der elektrostatischen Kraft $q\boldsymbol{E}$ auf
die entsprechende Minkowskikraft $(q/c)\, F^{\alpha\beta} u_\beta$. Hier ist

E das elektrische Feld, $F^{\alpha\beta}$ der Feldstärketensor und u_β die Vierergeschwindigkeit. (Alle benötigten Größen und Gleichungen der Elektrodynamik werden im Anhang A angegeben.) Im momentanen Ruhsystem IS$'$ der betrachteten Teilchen mit der Ladung q reduziert sich die Minkowskikraft auf die elektrostatische Form.

3 Relativistische Bewegungsgleichung

3.1 Newtonscher Grenzfall

Das 2. Newtonsche Axiom lautet

$$m \frac{d\boldsymbol{v}}{dt} = \boldsymbol{F}_{\mathrm{N}} \qquad \text{(nichtrelativistisch)} \qquad (3.1)$$

Das Inertialsystem, in dem das Teilchen die Geschwindigkeit $\boldsymbol{v}(t)$ hat, bezeichnen wir mit IS. Wir betrachten nun das momentane Ruhsystem IS$'$, das sich relativ zu IS mit der konstanten Geschwindigkeit $\boldsymbol{v}(t_0)$ bewegt. In IS$'$ ruht das Teilchen momentan (zur Zeit $t = t_0$). Eine Bewegungsgleichung wie (3.1) bezieht sich auf einen Zeitpunkt und seine Umgebung. In diesem Bereich ($t_0 - dt \leq t \leq t_0 + dt$) sind die Geschwindigkeiten in IS$'$ beliebig klein ($v' \to 0$). Newtons 2. Axiom ist gut bestätigt für Geschwindigkeiten $v \ll c$. Wir gehen daher davon aus, dass Newtons 2. Axiom in IS$'$ *exakt* gilt:

$$m \frac{d\boldsymbol{v}'}{dt'} = \boldsymbol{F}_{\mathrm{N}} \qquad \begin{array}{l} \text{(relativistisch gültig im} \\ \text{momentanen Ruhsystem IS}') \end{array} \qquad (3.2)$$

Die Striche beziehen sich auf die IS$'$-Koordinaten $(x'^{\alpha}) = (ct', x', y', z')$. Aus (3.2) können wir die relativistische Bewegungsgleichung in einem beliebigen IS ableiten.

Wie im Anschluss an Gleichung (1.1) erläutert, impliziert Newtons 2. Axiom die Definition der Masse m und der Kraft $\boldsymbol{F}_{\mathrm{N}}$ als Messgrößen. Wir übernehmen diese Definition, beziehen sie jetzt aber auf (3.2). Dies bedeutet:

$$m \; = \; \text{Masse in IS}' = \text{Ruhmasse} \qquad (3.3)$$
$$\boldsymbol{F}_{\text{N}} \; = \; \text{Kraft in IS}' \qquad\qquad\qquad (3.4)$$

Wir definieren Masse und Kraft also weiterhin im Newtonschen Sinn, *beziehen diese Definition jetzt aber auf das momentane Ruhsystem.*

Der Begriff *Masse* wird ab jetzt synonym zu *Ruhmasse* verwendet. Für ein definiertes Teilchen (Elektron, Billardkugel) ist die Masse eine Eigenschaft des Teilchens (wie zum Beispiel die Ladung eines Elektrons). Die so definierte Masse ist unabhängig vom betrachteten IS und damit ein Lorentzskalar.

In der Newtonschen Mechanik ist die Kraft (zum Beispiel eine Federkraft) unabhängig vom Bezugssystem, $F_{\text{N}}(\text{IS}) = F_{\text{N}}(\text{IS}')$; Reibungskräfte schließen wir dabei aus. Für die relativistische Theorie müssen wir die Kraft aber genauer definieren, und zwar als die durch das 2. Axiom in IS' definierte Kraft.

Aus einer gültigen Gleichung (3.2) in IS' ergibt sich die entsprechende Gleichung in IS durch eine Lorentztransformation; dies folgt aus Einsteins Relativitätsprinzip. Wir können also von (3.2) durch eine Lorentztransformation zu der relativistischen Bewegungsgleichung in einem beliebigen IS kommen. Tatsächlich gehen wir etwas anders vor: Wir stellen eine 4-Vektorgleichung auf, die sich in IS' auf (3.2) reduziert. Diese Gleichung ist dann in IS' gültig; eine Lorentztransformation in ein anderes IS erübrigt sich aber aufgrund ihrer 4-Vektoreigenschaft.

3.2 Eigenzeit

Wir bestimmen zunächst die Zeit, die eine Uhr anzeigt, die sich in IS mit der Geschwindigkeit $\boldsymbol{v}(t)$ bewegt, also in IS die Koordinate $x = v\,t$ hat. Für einen bestimmten Zeitpunkt $t = t_0$ führen wir ein IS$'$ ein, das sich mit der (konstanten) Geschwindigkeit $\boldsymbol{v}(t_0)$ relativ zu IS bewegt. In diesem IS$'$ ruht die Uhr dann momentan. Daher ist das zwischen t_0 und $t_0 + dt$ von der Uhr angezeigte Zeitintervall $d\tau$ gleich dem zugehörigen Zeitintervall dt' in IS$'$:

$$d\tau = dt' = dt \sqrt{1 - \frac{v^2}{c^2}} \quad \text{oder} \quad d\tau = \frac{dt}{\gamma} \qquad (3.5)$$

Dies folgt aus der ersten Gleichung in (2.21), wobei wir $x = v\,t$ für den Ort der Uhr einsetzen. Das Zeitelement $d\tau$ ist bis auf einen Faktor c gleich dem Wegelement ds der Uhr:

$$\begin{aligned}
\left(ds^2\right)_{\text{Uhr}} &= \left(c^2 dt^2 - dr^2\right)_{\text{Uhr}} = c^2 \left(1 - \frac{\boldsymbol{v}(t)^2}{c^2}\right) dt^2 \\
&= c^2 d\tau^2
\end{aligned} \qquad (3.6)$$

Mit ds ist auch $d\tau$ invariant gegenüber Lorentztransformationen, also unabhängig vom gewählten IS. Die *Eigenzeit* τ einer bewegten Uhr ist also ein Lorentzskalar.

3.3 Aufstellung der Bewegungsgleichung

Die Bahnkurve des Massenpunkts in IS kann in folgenden Formen dargestellt werden:

$$x^i = x^i(t) \quad \text{oder} \quad x^\alpha = x^\alpha(\tau) \qquad \text{(Bahnkurve)} \quad (3.7)$$

Dabei ist τ die Zeit, die eine mit dem Massenpunkt verbundene Uhr anzeigt. Die naheliegende Verallgemeinerung der 3-Geschwindigkeit $v^i = dx^i/dt$ ist die 4-Geschwindigkeit u^α,

$$u^\alpha = \frac{dx^\alpha}{d\tau} \qquad \text{(4-Geschwindigkeit)} \qquad (3.8)$$

Hierbei ist dx^α ein 4-Vektor und $d\tau$ ist ein 4-Skalar. Daher ist u^α ein 4-Vektor oder Lorentzvektor. Die 4-Geschwindigkeit u^α kann durch die 3-Geschwindigkeit v^i ausgedrückt werden:

$$\begin{aligned}
\left(u^\alpha\right) &= \gamma \left(\frac{dx^0}{dt}, \frac{dx^1}{dt}, \frac{dx^2}{dt}, \frac{dx^3}{dt}\right) \\
&= \frac{(c, v^1, v^2, v^3)}{\sqrt{1 - v^2/c^2}} = \gamma \left(c, \boldsymbol{v}\right) \qquad (3.9)
\end{aligned}$$

Im letzten Schritt haben wir in einer üblichen Notation die räumlichen Komponenten zu einem 3-Vektor zusammengefasst.

Die naheliegende relativistische Verallgemeinerung der linken Seite von (3.1) ist $m\, du^\alpha/d\tau$. Die in (3.3) spezifizierte Masse m und das Eigenzeit-Intervall $d\tau$ sind 4-Skalare. Daher ist die relativistische Beschleunigung $du^\alpha/d\tau$ ein 4-Vektor. Die zugehörige Kraft muss dann ebenfalls ein 4-Vektor sein, der mit F^α bezeichnet wird:

$$m\, \frac{du^\alpha}{d\tau} = F^\alpha \qquad \text{Bewegungsgleichung} \qquad (3.10)$$

Äquivalente Formulierungen hierzu sind

$$m \, \frac{d^2 x^\alpha}{d\tau^2} = F^\alpha \qquad \text{oder} \qquad \frac{dp^\alpha}{d\tau} = F^\alpha$$

Die letzte Formulierung verwendet den Viererimpuls:

$$\left(p^\alpha \right) = \left(m \, \frac{dx^\alpha}{d\tau} \right) = \left(m \, u^\alpha \right) \qquad \text{(4-Impuls)}$$

$$= \left(\frac{m \, c}{\sqrt{1 - v^2/c^2}} \, , \, \frac{m \, \boldsymbol{v}}{\sqrt{1 - v^2/c^2}} \right) \qquad (3.11)$$

Da u^α ein 4-Vektor und m ein 4-Skalar ist, gilt: Der Viererimpuls ist ebenfalls ein 4- oder Lorentzvektor.

In (3.10) sind m, u^α und τ bereits definiert, während F^α ein noch nicht spezifizierter 4-Vektor ist. Wir bestimmen F^α aus der Bedingung, dass (3.10) in IS$'$ zu (3.2) wird. Dazu drücken wir $du^\alpha/d\tau$ mit $d\tau = dt/\gamma$ durch $\boldsymbol{v}$ und $d\boldsymbol{v}/dt$ aus,

$$\left(\frac{du^\alpha}{d\tau} \right) = \gamma \left(\frac{d(\gamma \, c)}{dt} \, , \, \frac{d(\gamma \, \boldsymbol{v})}{dt} \right) \qquad (3.12)$$

$$= \frac{\gamma^4}{c^2} \, \boldsymbol{v} \cdot \frac{d\boldsymbol{v}}{dt} \, (c, \, \boldsymbol{v}) + \gamma^2 \left(0, \, \frac{d\boldsymbol{v}}{dt} \right)$$

Im momentanen Ruhsystem IS$'$ wird dies zu

$$\left(\frac{du'^\alpha}{d\tau} \right) = \left(0, \, \frac{d\boldsymbol{v}'}{dt'} \right) \qquad (3.13)$$

Dabei ist zu beachten, dass in IS$'$ zwar $\boldsymbol{v}' = 0$ gilt, nicht aber $d\boldsymbol{v}'/dt' = 0$; deshalb kann man bei der Berechnung von $du'^\alpha/d\tau$ nicht von $(u'^\alpha) = (c, 0)$ ausgehen.

Mit (3.13) schreiben wir (3.10) in IS$'$ an,

$$\left(F'^{\alpha} \right) = m \left(\frac{du'^{\alpha}}{d\tau} \right) = m \left(0, \ \frac{d\boldsymbol{v}'}{dt'} \right) \overset{(3.2)}{=} \left(0, \ \boldsymbol{F}_{\mathrm{N}} \right)$$

(3.14)

Hierdurch ist F'^{α} in IS$'$ festgelegt. Das IS, in dem sich das Teilchen mit $\boldsymbol{v}$ bewegt, ist von IS$'$ aus durch eine Lorentz-transformation mit $-\boldsymbol{v}$ zu erreichen. Daher gilt

$$F^{\alpha} = \Lambda^{\alpha}_{\beta}(-\boldsymbol{v}) \, F'^{\beta} \, , \qquad \text{(Minkowskikraft)} \quad (3.15)$$

Ausführlich in Matrixschreibweise liest sich dies

$$\begin{pmatrix} F^0 \\ F^1 \\ F^2 \\ F^3 \end{pmatrix} = \Lambda(-\boldsymbol{v}) \begin{pmatrix} 0 \\ F_{\mathrm{N}}^1 \\ F_{\mathrm{N}}^2 \\ F_{\mathrm{N}}^3 \end{pmatrix}$$

Die so festgelegte Größe F^{α} ist ein 4-Vektor und wird *Minkowskikraft* genannt. Die Kraft F_{N}^i ist die Newtonsche Kraft im momentanen Ruhsystem.

Auf dem Weg zu (3.10) haben wir Größen mit dem Hinweis eingeführt, dass dies die jeweils „naheliegende relativistische Verallgemeinerung" sei. Die Gültigkeit von (3.10) folgt unabhängig von diesem Plausibilitäts-argument aus:

1. Gleichung (3.10) ist eine 4-Vektorgleichung.

2. Gleichung (3.10) ist in IS$'$ gültig.

Wir haben gezeigt, dass die Bewegungsgleichung in IS$'$ mit (3.2) übereinstimmt, also gültig ist. Dann ergibt sich

die richtige relativistische Gleichung in IS aus einer
Lorentztransformation. Diese LT muss aber nicht mehr
durchgeführt werden, da (3.10) ihre Form unter LT nicht
ändert.

Die physikalische Grundlage von Punkt 1 ist Einsteins
Relativitätsprinzip und von Punkt 2 die Gültigkeit des
2. Axioms im momentanen Ruhsystem IS'. Die hieraus
gewonnenen relativistischen Bewegungsgleichungen führen zu Vorhersagen, die signifikant von denen der Newtonschen Mechanik abweichen und experimentell über-
prüft werden können.

3.4   Minkowskikraft

Wir werten noch den Zusammenhang zwischen der
Newtonschen Kraft $\boldsymbol{F}_{\mathrm{N}}$ und der Minkowskikraft F^α aus.
Für die spezielle LT mit $\boldsymbol{v} = v\,\boldsymbol{e}_x$ erhalten wir aus (3.15)

$$\left(F^\alpha\right) = \left(F^0, F^1, F^2, F^3\right) = \left(\gamma\,\frac{v}{c}\,F_{\mathrm{N}}^1,\ \gamma\,F_{\mathrm{N}}^1,\ F_{\mathrm{N}}^2,\ F_{\mathrm{N}}^3\right) \tag{3.16}$$

Wir teilen die Newtonsche Kraft $\boldsymbol{F}_{\mathrm{N}} = \boldsymbol{F}_{\mathrm{N}\parallel} + \boldsymbol{F}_{\mathrm{N}\perp}$ in den
zur Geschwindigkeit $\boldsymbol{v}$ parallelen und senkrechten Anteil
auf. Aus (3.16) lesen wir dann ab:

$$\left(F^\alpha\right) = \left(F^0,\ \boldsymbol{F}\right) = \left(\gamma\,\frac{v\,F_{\mathrm{N}\parallel}}{c},\ \gamma\,\boldsymbol{F}_{\mathrm{N}\parallel} + \boldsymbol{F}_{\mathrm{N}\perp}\right) \tag{3.17}$$

Den räumlichen Anteil $\boldsymbol{F}$ der Minkowskikraft schreiben
wir noch einmal gesondert an:

$$\boldsymbol{F} = \gamma\,\boldsymbol{F}_{\mathrm{N}\parallel} + \boldsymbol{F}_{\mathrm{N}\perp} = \boldsymbol{F}_{\mathrm{N}} + \left(\gamma - 1\right)\frac{(\boldsymbol{v}\cdot\boldsymbol{F}_{\mathrm{N}})\,\boldsymbol{v}}{v^2} \tag{3.18}$$

Die rechte Form wird von Weinberg [3], Gleichung (2.3.5), und anderen Autoren verwendet. Der Bruch in diesem Ausdruck ergibt $F_{N\parallel}$. Mit $F_N = F_{N\parallel} + F_{N\perp}$ kommt man dann zu der ersten Form.

Die hier oder in Weinberg [3] dargelegte formale Ableitung bedeutet, dass (3.17, 3.18) die korrekte Relation zwischen der Newtonschen Kraft und der Minkowskikraft ist.

4 Newtonsche Kraft und Minkowski-kraft

4.1 Unterschiedliche Angaben in der Literatur

Die Dynamik eines Massenpunkts wird im nichtrelativistischen Fall durch die Newtonsche Kraft F_N bestimmt, und im relativistischen Fall durch die Minkowskikraft $(F^\alpha) = (F^0, F)$. In der Literatur findet man nun zwei verschiedene Angaben für die Relation zwischen diesen Kräften. Für die räumlichen Komponenten lauten diese Alternativen:

$$\text{Version A:} \qquad F = \gamma\, F_N \qquad (4.1)$$

$$\text{Version B:} \qquad F = \gamma\, F_{N\parallel} + F_{N\perp} \qquad (4.2)$$

Hierbei wurden die Anteile parallel und senkrecht zur Geschwindigkeit v des Teilchens unterschieden. Die charakteristischen Merkmale dieser beiden Versionen[1,2] sind die gleiche (A) und die unterschiedliche (B) Behandlung der Kraftkomponenten.

---

[1]Einige Quellen für die Version A sind:

E. Schmutzer, *Grundlagen der Theoretischen Physik*, BI-Verlag 1989, Gleichung (6.7.4)

H. Goenner, *Spezielle Relativitätstheorie*, Elsevier-Spektrum 2004, Gleichung (4.29)

R. M. Dreizler und C. S. Lüdde, *Theoretische Physik 2: Elektrodynamik und spezielle Relativitätstheorie*, Springer 2005, Gleichung (8.55)

H. Günther, *Die Spezielle Relativitätstheorie*, Springer Spektrum 2013, Gleichung (439)

© Springer-Verlag GmbH Deutschland, ein Teil von Springer Nature 2018
T. Fließbach, *Die relativistische Masse*,
https://doi.org/10.1007/978-3-662-58084-4_4

Wenn ein Physikstudent mehr als ein Buch liest, dann könnte er durch diese unterschiedlichen Angaben[1,2] verunsichert sein. Die folgende Diskussion untersucht die Alternativen A und B im Hinblick auf ihre mögliche Begründung und auf ihre praktische und logische Relevanz. Dabei stellt sich heraus, dass diese Fragen mit der Gültigkeit des Rezepts $m \rightarrow m_{rel}$ verknüpft sind.

4.2 Vergleich mit der exakten Form

Wir schreiben für die beiden Versionen die Bewegungsgleichungen an:

$$\frac{d}{dt}\frac{m\,\boldsymbol{v}(t)}{\sqrt{1-v^2/c^2}} = \frac{\boldsymbol{F}}{\gamma} = \begin{cases} \boldsymbol{F}_{N} & \text{Version A} \\[2ex] \boldsymbol{F}_{N\parallel} + \dfrac{\boldsymbol{F}_{N\perp}}{\gamma} & \begin{cases} \text{Version B} \\ \text{Weinberg [3]} \\ (3.18) \end{cases} \end{cases}$$

$$(4.3)$$

Die Bewegungsgleichung (linker Teil) folgt aus (3.10) mit $(F^\alpha) = (F^0, \boldsymbol{F})$, $(u^\alpha) = \gamma(c, \boldsymbol{v})$ und $d\tau = dt/\gamma$.

F. Kuypers, *Klassische Mechanik*, 10. Auflage, John Wiley & Sons 2016, Gleichung (25.2-12)

W. Nolting, *Grundkurs Theoretische Physik 4/1: Spezielle Relativitätstheorie*, 9. Auflage, Springer Spektrum 2016, Gleichung (2.47)

[2]Einige Quellen für die Version B sind:

S. Weinberg, *Gravitation and Cosmology*, John Wiley 1972, Gleichung (2.3.5)

T. Fließbach, *Mechanik*, 7. Auflage, Springer-Spektrum 2015, Gleichung (38.17)

F. Scheck, *Mechanik*, 5. Auflage, Springer 1996, Gleichung (4.80)

E. Rebhan, *Theoretische Physik: Relativitätstheorie und Kosmologie*, Spektrum Akademischer Verlag 2012, Gleichung (4.18)

Ein möglicher Weg zur Version A ist das Rezept $m \to m_{rel}$ für den Übergang von Newton zur relativistischen Bewegungsgleichung:

$$\frac{d}{dt}\big(m\,\boldsymbol{v}(t)\big) = \boldsymbol{F}_N \quad \xrightarrow{m \,\to\, m_{rel}(v)} \quad \frac{d}{dt}\frac{m\,\boldsymbol{v}(t)}{\sqrt{1 - v^2/c^2}} = \boldsymbol{F}_N$$
(4.4)

Das Rezept $m \to m_{rel}$ ist immer so zu verstehen, dass die Zeitableitung wie links gezeigt auch auf die Masse wirkt.

Gemäß (4.4) führt das Rezept $m \to m_{rel}$ zu $F = \gamma\,F_N$ (Version A). Wenn man direkt von Version A ausgeht, $F = \gamma\,F_N$, dann erhält man aus der gültigen relativistischen Gleichung (linker Teil in (4.3)) den rechten Teil in (4.4). Version A und das Rezept $m \to m_{rel}$ sind daher für die hier betrachtete Bewegungsgleichung äquivalent.

Wie Weinberg [3] und Kapitel 3 zeigen, führt die korrekte Ableitung zur Version B. Daher kann das Rezept $m \to m_{rel}$ nicht allgemein gültig sein.

Im Spezialfall $\boldsymbol{F}_N \parallel \boldsymbol{v}$ stimmen beide Zeilen in (4.3) überein, Version A stimmt dann mit der korrekten Form (Version B) überein. Daher gilt: Für $\boldsymbol{F}_N \parallel \boldsymbol{v}$ führt das Rezept $m \to m_{rel}(v)$ zur korrekten relativistischen Bewegungsgleichung.

4.3 Lorentzkraft

Am Beispiel der Lorentzkraft $\boldsymbol{F}_L = q\,(\boldsymbol{E} + \boldsymbol{v} \times \boldsymbol{B}/c)$ lässt sich demonstrieren, woher die hier diskutierten Diskrepanzen (Version A oder B) kommen. Hier sind $\boldsymbol{E}$ das elektrische und $\boldsymbol{B}$ das magnetische Feld.

Man könnte versuchen, die Version A wie folgt zu begründen: In der Newtonschen Mechanik wirkt auf ein Teilchen (Masse m, Ladung q) die Lorentzkraft,

$$m \, \frac{d\,v(t)}{dt} = q \left(E + \frac{v}{c} \times B \right) \qquad (v \ll c) \quad (4.5)$$

Die korrekte relativistische Bewegungsgleichung kann in der Form

$$\frac{d}{dt} \frac{m\,v(t)}{\sqrt{1 - v^2/c^2}} = q \left(E + \frac{v}{c} \times B \right) \qquad (4.6)$$

geschrieben werden. Die Gegenüberstellung von (4.5) und (4.6) scheint für die Gültigkeit des Rezepts $m \rightarrow m_{\mathrm{rel}}(v)$ zu sprechen. Jedenfalls führt das Rezept von (4.5) zur korrekten relativistischen Bewegungsgleichung (4.6).

Zur Diskussion der Frage A oder B müssen wir die Kräfte genauer betrachten. Auf der rechten Seite von (4.6) steht die Lorentzkraft $F_{\mathrm{L}} = q\,(E + v \times B/c)$. Und die linke Seite von (4.6) ist gleich F/γ mit der Minkowskikraft F. Damit erhalten wir

$$F = \gamma \, F_{\mathrm{L}} = \gamma\,q \left(E + \frac{v}{c} \times B \right) \qquad (4.7)$$

Dies ist die korrekte relativistische Relation zwischen der Minkowskikraft und der Lorentzkraft.

Wenn man die rechte Seite von (4.5) mit F_{N} gleichsetzt, dann erhält man $F = \gamma\,F_{\mathrm{N}}$, also die Version A. Diese Argumentation zugunsten der Version A (und des Rezepts $m \rightarrow m_{\mathrm{rel}}$) hat folgendes Problem: Gleichung (4.5) ist zwar eine legitime Newtonsche Gleichung, sie ist aber nicht der Newtonsche Grenzfall (2. Axiom im momentanen Ruhsystem IS′). Im Newtonschen Grenzfall gilt

$$m \, \frac{d\boldsymbol{v}'}{dt'} \; = \; q \, \boldsymbol{E}' = \boldsymbol{F}_{\mathrm{N}} \qquad (v' \to 0) \qquad (4.8)$$

Dabei ist $\boldsymbol{E}'$ das elektrische Feld im momentanen Ruhsystem IS′ des betrachteten Teilchens. Es gilt $\boldsymbol{E}' = \boldsymbol{E} + \boldsymbol{v} \times \boldsymbol{B}/c + \mathcal{O}(v^2/c^2)$. Die Kräfte in (4.5) und (4.8) unterscheiden sich also durch Terme der relativen Größe v^2/c^2. Im Rahmen der Newtonschen Mechanik sind solche Kräfte gleichwertig.

Wir werten die Newtonsche Kraft aus (4.8) mit Hilfe der bekannten Transformation der Felder (Anhang A) aus:

$$\boldsymbol{F}_{\mathrm{N}} = q \, \boldsymbol{E}' \stackrel{(A.37)}{=} q \, \boldsymbol{E}_{\parallel} + q \, \gamma \left(\boldsymbol{E}_{\perp} + \frac{\boldsymbol{v}}{c} \times \boldsymbol{B} \right) \qquad (4.9)$$

Hier wurde zwischen den zur Geschwindigkeit $\boldsymbol{v}$ parallelen und senkrechten Anteilen unterschieden. Um von der Newtonschen Kraft (4.9) zur Minkowskikraft (4.7) zu kommen, muss der parallele *und nur der parallele* Anteil mit γ multipliziert werden. Das bedeutet, dass die Version B, (4.2), gültig ist.

Um die Relation $\boldsymbol{F}_{\mathrm{N}} \leftrightarrow (F^{\alpha})$ überhaupt aufstellen zu können, muss die Newtonsche Kraft $\boldsymbol{F}_{\mathrm{N}}$ festgelegt werden. Man muss sich daher zwischen der Lorentzkraft in (4.5) und der Kraft $q \, \boldsymbol{E}'$ in (4.8) entscheiden (oder zwischen anderen Kräfte, die sich hiervon nur in der Ordnung v^2/c^2 unterscheiden). Für diese Entscheidung ist der Newtonsche Grenzfall die eindeutige und adäquate Festlegung. Daher ist die Kraft $q \, \boldsymbol{E}'$ in (4.8) die Newtonsche Kraft $\boldsymbol{F}_{\mathrm{N}}$. Dies impliziert die Version B.

Die Bedeutung der exakten Festlegung des Newtonschen
Grenzfalls ergibt sich aus zwei Punkten. Zum einen wäre
das Ergebnis für die Relation zwischen Minkowskikraft
und Newtonscher Kraft willkürlich ohne eine solche Festlegung. Zum anderen folgt eine solche Festlegung aus der
Logik, mit der physikalische Gesetze mit Hilfe von Symmetrieprinzipien verallgemeinert werden (Abschnitt 6.2).

4.4 Wertung

Wenn man (4.8) in der Form $d(m\,v')/dt' = \ldots$ schreibt
und m durch m_{rel} ersetzt, dann erhält man *nicht* die gültigen relativistischen Gleichungen (4.6). Wir halten fest:

- Gleichung (4.8) ist eine korrekte Newtonsche Bewegungsgleichung. Die Ersetzung $m \rightarrow m_{rel}$ führt
  zu einem falschen Ergebnis.

Das Ergebnis ist falsch, weil die Kraft (4.9) nicht gleich
der Lorentzkraft ist.

Wie im letzten Abschnitt gesehen, führen Gleichung
(4.5) und das Rezept $m \rightarrow m_{rel}$ zum richtigen Ergebnis (4.6). Das richtige Ergebnis wird hier aber durch zwei
sich kompensierende Ungenauigkeiten erreicht:

1. Erste Ungenauigkeit: Die Newtonsche Gleichung
   (4.5) ist in diesem Zusammenhang nicht adäquat,
   weil sie nicht der Newtonsche Grenzfall ist. Ohne
   genaue Definition der Newtonschen Kraft ist das
   Ergebnis für die Relation zur Minkowskikraft jedoch willkürlich.

2. Zweite Ungenauigkeit: Das Rezept $m \rightarrow m_{\text{rel}}$ ist nicht allgemein gültig.

3. Kompensation: Im vorliegenden Fall kompensieren sich diese beiden Ungenauigkeiten. Beseitigt man zum Beispiel nur den ersten Punkt, dann ist das Resultat falsch: Aus der gültigen Newtonschen Gleichung (4.8) folgt mittels des Rezepts $m \rightarrow m_{\text{rel}}$ ein falsches Ergebnis.

Diese Kritik hat allerdings auch akademische Züge: Zunächst ist (4.5) ja eine korrekte Newtonsche Gleichung – nur eben nicht der Newtonsche Grenzfall. Für konkrete Rechnungen ist (4.5) die bevorzugte Gleichung; der Grenzfall (4.8) ist hierfür eher unpraktisch. Relativistische Gleichungen werden häufig ohne den expliziten Bezug zum Newtonschen Grenzfall aufgestellt. Und konkrete Anwendungen sind durchweg unabhängig von der hier diskutierten Frage A oder B. Insofern ist die Frage A oder B ohne praktische Relevanz. Die Frage A oder B ist aber mit der Logik zur Aufstellung physikalischer Gesetze mit Hilfe von Symmetrieprinzipien verknüpft (Abschnitt 6.2).

5 Bedeutung der relativistischen Masse

5.1 Physikalische Bedeutung: Energie

Zur Diskussion der physikalischen Bedeutung der relativistischen Masse m_{rel} betrachten wir ein Teilchen (Masse m, Ladung q) in einem elektrostatischen Feld $\boldsymbol{E}(\boldsymbol{r}) = -\operatorname{grad} \Phi(\boldsymbol{r})$. Wir schreiben die 0-Komponente (A.45) der relativistischen Bewegungsgleichung an:

$$\frac{d}{dt} \frac{m c^2}{\sqrt{1 - v(t)^2/c^2}} = q\, \boldsymbol{v} \cdot \boldsymbol{E}(\boldsymbol{r}) \qquad (5.1)$$

Das Feld $\boldsymbol{E}(\boldsymbol{r})$ ist am Ort $\boldsymbol{r} = \boldsymbol{r}(t)$ des Teilchens zu nehmen. Die rechte Seite kann folgendermaßen geschrieben werden:

$$q\, \boldsymbol{v} \cdot \boldsymbol{E}(\boldsymbol{r}) = -q\, \frac{d\boldsymbol{r}}{dt} \cdot \operatorname{grad} \Phi = -q\, \frac{d\,\Phi(\boldsymbol{r}(t))}{dt} \quad (5.2)$$

Das elektrostatische Feld wurde durch das Potenzial $\Phi(\boldsymbol{r})$ ausgedrückt. Damit wird (5.1) zu

$$\frac{d}{dt} \left(\frac{m c^2}{\sqrt{1 - v(t)^2/c^2}} + q\, \Phi(\boldsymbol{r}(t)) \right) = 0 \qquad (5.3)$$

Hierbei ist $q\Phi$ die potenzielle Energie der Ladung q im Potenzialfeld $\Phi(\boldsymbol{r})$. Aus (5.3) folgt $\gamma\, m c^2 + q\,\Phi = \text{const.}$ oder ausführlicher

$$\underbrace{m c^2}_{\text{Ruhenergie}} + \underbrace{m c^2\,(\gamma - 1)}_{\text{Kinetische Energie}} + \underbrace{q\,\Phi(\boldsymbol{r})}_{\text{Potenzielle Energie}} = \text{const.}$$

$$(5.4)$$

© Springer-Verlag GmbH Deutschland, ein Teil von Springer Nature 2018
T. Fließbach, *Die relativistische Masse*,
https://doi.org/10.1007/978-3-662-58084-4_5

Damit haben wir eine *Erhaltungsgröße* aus der Bewegungsgleichung (5.1) abgeleitet. Aus der bekannten Bedeutung von $q\,\Phi$ (potenzielle Energie) folgt, dass es sich um die *Energie* des Teilchens im Potenzial handelt. Die ersten beiden Terme in (5.4) werden zusammen auch als *relativistische Energie* oder *Energie* des freien Teilchens bezeichnet:

$$E = \frac{m\,c^2}{\sqrt{1 - v^2/c^2}} = m_{\mathrm{rel}}\,c^2 = \text{relativistische Energie}$$

(5.5)

Bis auf den Faktor c^2 ist die relativistische Masse also gleich der (relativistischen) Energie des Teilchens. Die relativistische Masse hat damit eine wohldefinierte physikalische Bedeutung.

Für $v = 0$ wird die relativistische Energie E zur Ruhenergie

$$E_0 = m\,c^2 \qquad (5.6)$$

Diese Relation drückt die bekannte *Äquivalenz von Masse und Energie* aus.

Für den Viererimpuls (3.11) rechnet man leicht nach, dass $p^\alpha p_\alpha = p^\alpha \eta_{\alpha\beta} p^\beta = m^2 c^2$. Mit $(p^\alpha) = (E/c, \boldsymbol{p})$ wird dies zur relativistischen *Energie-Impuls-Beziehung*:

$$E^2 = m\,c^2 + c^2\,p^2 \qquad (5.7)$$

Für ein masseloses Teilchen, etwa ein Photon, erhält man hieraus die Energie-Impuls-Beziehung $E = c\,p$.

5.2   Praktische Bedeutung: Effektive Trägheit

In diesem Abschnitt untersuchen wir die relativistische Bewegung eines Teilchens bei konstanter Beschleunigung. Die relativistische Masse beschreibt die Zunahme und schließliche Divergenz der effektiven Trägheit für $v \to c$.

Wir schreiben den räumlichen Anteil von (3.10) an, wobei wir $d\tau = dt/\gamma$, $(F^\alpha) = (F^0, \boldsymbol{F})$ und $(u^\alpha) = \gamma(c, \boldsymbol{v})$ berücksichtigen:

$$\frac{d}{dt} \frac{m\,\boldsymbol{v}(t)}{\sqrt{1 - v^2/c^2}} = \frac{\boldsymbol{F}}{\gamma} \qquad (5.8)$$

Wir betrachten nun eine eindimensionale Bewegung in Richtung der Kraft. Wegen $\boldsymbol{v} \parallel \boldsymbol{F}$ gilt dann $\boldsymbol{F} = \gamma \boldsymbol{F}_{\mathrm{N}}$, (3.18). Eingesetzt in (5.8) erhalten wir

$$\frac{d}{dt} \frac{m\,v(t)}{\sqrt{1 - v(t)^2/c^2}} = F_{\mathrm{N}} = \text{const.} \qquad (\boldsymbol{v} \parallel \boldsymbol{F}) \quad (5.9)$$

Version A und B stimmen in diesem Fall überein.

Wir beschränken uns auf eine konstante Kraft. Physikalisch kann dies für folgende Fälle stehen:

- Ein Teilchen mit der Ladung q wird in einem homogenen und konstanten elektrischen Feld E beschleunigt. Dann ist die Newtonschen Kraft $F_{\mathrm{N}} = qE' = qE$; denn für den parallelen Anteil gilt $E' = E$, (A.37).

- Ein Raumschiff wird so beschleunigt, dass der Astronaut (Masse m) mit seinem gewohnten Erdgewicht $m\,g$ gegen den Raumschiffboden gedrückt wird. Im jeweiligen Ruhsystem IS' erfährt der Astronaut die Beschleunigung g; die Newtonsche Kraft ist also $F_N = m\,g$.

Damit wird (5.9) zu

$$\frac{d}{dt}\frac{v(t)}{\sqrt{1 - v(t)^2/c^2}} = \begin{cases} \dfrac{q\,E}{m} & \text{Ladung im Feld} \\[2mm] g & \text{Astronaut} \end{cases} \tag{5.10}$$

Wir rechnen mit der unteren Zeile weiter; für den anderen Fall wäre überall g durch $q\,E/m$ zu ersetzen. Mit der Anfangsbedingung $v(0) = 0$ integrieren wir (5.10) zu

$$\frac{v(t)}{\sqrt{1 - v(t)^2/c^2}} = g\,t \tag{5.11}$$

Wir lösen dies nach $v(t)$ auf,

$$v(t) = \frac{g\,t}{\sqrt{1 + g^2 t^2/c^2}} \approx \begin{cases} g\,t & (t \ll c/g) \\[2mm] c & (t \gg c/g) \end{cases} \tag{5.12}$$

Für kleine Zeiten erhalten wir das Newtonsche Resultat $v = g\,t$, für große Zeiten nähert sich v asymptotisch der Lichtgeschwindigkeit (Abbildung 3).

Wir legen die x-Achse in Richtung der Kraft, $v(t) = dx/dt$. Aus (5.12) und der Anfangsbedingung $x(0) = 0$ folgt dann

$$x(t) = \frac{c^2}{g}\left(\sqrt{1 + \frac{g^2 t^2}{c^2}} - 1\right) \tag{5.13}$$

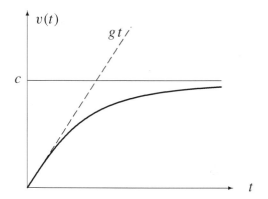

Abbildung 3 Geschwindigkeit v als Funktion der Zeit t für ein Teilchen, auf das die konstante Kraft mg wirkt. Die Geschwindigkeit wächst anfangs linear mit der Zeit an, $v = gt$, weicht dann für $t \gtrsim c/g$ deutlich hiervon ab und nähert sich asymptotisch der Lichtgeschwindigkeit.

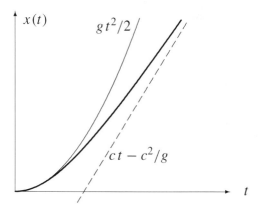

Abbildung 4 Ort x als Funktion der Zeit t bei der relativistischen Bewegung unter konstanter Kraft. Die klassische Parabel $x = gt^2/2$ wird durch eine Hyperbel ersetzt.

Im x-t-Diagramm (Abbildung 4) ist dies eine Hyperbel im Gegensatz zur nichtrelativistischen Parabel $x = g\,t^2/2$. Man spricht daher auch von einer *hyperbolischen Bewegung*.

Während die Geschwindigkeit sich asymptotisch c nähert, steigt die Energie immer weiter an:

$$E = \frac{m\,c^2}{\sqrt{1 - v^2/c^2}} = m\,c^2\,\sqrt{1 + \frac{g^2 t^2}{c^2}} = m_{\mathrm{rel}}\,c^2 \quad (5.14)$$

Die relativistische Masse

$$m_{\mathrm{rel}} = m\,\sqrt{1 + \frac{g^2 t^2}{c^2}} \approx m \begin{cases} 1 + \dfrac{g^2 t^2}{2\,c^2} & (t \ll c/g) \\[2ex] \dfrac{g\,t}{c} & (t \gg c/g) \end{cases}$$

$$(5.15)$$

stimmt anfangs mit der Masse m überein, nimmt dann zu und geht schließlich linear mit der Zeit t gegen unendlich (Abbildung 5). Man kann dies als effektive Trägheit deuten, die so ansteigt, dass sich die Geschwindigkeit v der Geschwindigkeit c nur asymptotisch annähern kann. Zur Beschreibung dieses Effekts wird gelegentlich auch der etwas unglückliche Begriff[3] „relativistische Massenzunahme" verwendet. Wir sprechen lieber von der relativistischen Zunahme der effektiven Trägheit.

---

[3] Die „relativistische Masse" ist keine Masse (Ruhmasse), sondern bezeichnet in der Kombination dieser zwei Worte etwas anderes; eine solche Begriffsbildung ist vertretbar. Der Begriff „Massenzunahme" suggeriert dagegen eine nichtzutreffende Zunahme der Masse.

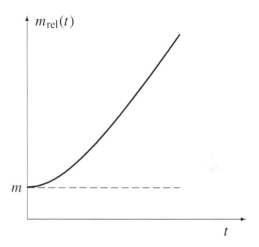

Abbildung 5   Relativistische Masse m_{rel} als Funktion der Zeit t im Fall konstanter Beschleunigung. Die relativistische Masse beginnt bei der Masse m und geht asymptotisch linear mit der Zeit t gegen unendlich. Diese divergierende effektive Trägheit korrespondiert zur Begrenzung der Geschwindigkeit durch c in Abbildung 3.

5.3   Historische Variationen

In älterer Literatur findet man die Begriffe der longitudinalen Masse und der transversalen Masse (auch Impulsmasse). Diese obsoleten Begriffe ergeben sich in bestimmten Zusammenhängen anstelle der relativistischen Masse. Wir skizzieren hier diese Zusammenhänge. Diese Diskussion ist ohne Bedeutung für die anderen Teile dieses Buchs und kann daher übersprungen werden.

Die Adjektive longitudinal und transversal beziehen sich darauf, ob die Geschwindigkeit parallel oder senkrecht zur Kraft steht. Die hier einzuführenden Begriffe (longitudinale oder transversale Masse) haben aber nichts mit den in (4.3) dargestellten Unterschieden zu tun. Insbesondere handelt es sich nicht darum, die Diskrepanzen in (4.3) durch entsprechende effektive Massen zu beheben.

Die (historischen) Überlegungen gehen von dem Rezept $m \to m_{\text{rel}}$ aus, also von der Bewegungsgleichung

$$\frac{d}{dt} \frac{m\, \boldsymbol{v}(t)}{\sqrt{1 - v^2/c^2}} = \boldsymbol{F}_{\text{N}} \qquad \text{(korrekt für } \boldsymbol{v} \parallel \boldsymbol{F}_{\text{N}}\text{)} \quad (5.16)$$

Die Zeitableitung auf der linken Seite wirkt auf die Geschwindigkeit im Nenner und auf die im Zähler:

$$\text{li. S.} = \frac{m}{(1 - v^2/c^2)^{1/2}} \frac{d\boldsymbol{v}}{dt} + \frac{m\,\boldsymbol{v}}{(1 - v^2/c^2)^{3/2}} \frac{v}{c^2} \frac{dv}{dt} \tag{5.17}$$

Wir betrachten nun den Fall $\boldsymbol{v} \parallel \boldsymbol{F}_{\text{N}}$, also die longitudinale Bewegung. Damit gilt auch $\boldsymbol{v} \parallel (d\boldsymbol{v}/dt)$. Daher können wir anstelle der Vektoren in (5.17) auch nur die Beträge verwenden:

$$\text{li. S.} = \left(\frac{m}{(1 - v^2/c^2)^{1/2}} + \frac{m}{(1 - v^2/c^2)^{3/2}} \frac{v^2}{c^2} \right) \frac{dv}{dt} \tag{5.18}$$

Der Ausdruck in der Klammer ergibt $m/(1 - v^2/c^2)^{3/2}$. Damit wird (5.16) zu

$$\frac{m}{(1 - v^2/c^2)^{3/2}} \frac{dv}{dt} = F_{\text{N}} \qquad (\boldsymbol{v} \parallel \boldsymbol{F}_{\text{N}}) \tag{5.19}$$

Dies hat die Form einer Newtonschen Bewegungsgleichung mit der „longitudinalen" Masse

$$m_{\text{long}} = \frac{m}{(1 - v^2/c^2)^{3/2}} \qquad (5.20)$$

Die longitudinale Masse hat sich hier aus und anstelle der relativistischen Masse ergeben.

Wir kommen nun zum transversalen Fall, $v \perp F_{\text{N}}$. Wir setzen (5.17) in (5.16) ein und betrachten nur die Komponente parallel zur Kraft. Dafür fällt in (5.17) der zweite Term weg, und im ersten Term bezeichnen wir die Beschleunigung parallel zur Kraft mit $dv_{\parallel}/dt$. Damit erhalten wir

$$\frac{m}{(1 - v^2/c^2)^{1/2}} \frac{dv_{\parallel}}{dt} = F_{\text{N}} \qquad (v \perp F_{\text{N}}) \qquad (5.21)$$

Es sei daran erinnert, dass (5.16) formal in diesem Fall gar nicht gültig ist. Außerdem gilt (5.21) nur zum betrachteten Zeitpunkt (mit $v_{\parallel} = 0$), denn durch die Kraft erhält die Geschwindigkeit im Laufe der Zeit eine Komponente in Richtung der Kraft. Gleichung (5.21) hat die Form einer Newtonschen Bewegungsgleichung mit der „transversalen" Masse

$$m_{\text{trans}} = \frac{m}{(1 - v^2/c^2)^{1/2}} \qquad (5.22)$$

Diese transversale Masse stimmt mit der relativistischen Masse m_{rel} überein. Alternativ wurde für die transversale Masse auch der Begriff „Impulsmasse" vorgeschlagen und verwendet.

Seit Mitte des 20. Jahrhunderts sind die Begriffe der longitudinalen und transversalen Masse (oder Impulsmasse) nicht mehr üblich. Bei der kovarianten Formulierung der relativistischen Mechanik sind diese Begriffe auch eher hinderlich: Hierfür sollte man sich auf die Masse m (Lorentzskalar) beschränken, und von der Bewegungsgleichung (3.10) ausgehen. Dieses Buchs untersucht, inwieweit es sinnvoll ist, daneben noch die relativistische Masse m_{rel} zu verwenden.

6 Zusammenfassung

6.1 m_{rel} ist ok

Natürlich steht es einem frei, den Begriff der relativistischen Masse

$$m_{rel} = \frac{m}{\sqrt{1 - v^2/c^2}} = \frac{p^0}{c} = \frac{E}{c^2} \qquad (6.1)$$

einzuführen. Wie angegeben handelt es sich um die 0-Komponente des 4-Impulses p^α (bis auf einen Faktor c). Damit ist das Verhalten von m_{rel} unter Lorentztransformationen wohldefiniert. Außerdem ist m_{rel} bis auf den Faktor c^2 gleich der Energie E des Teilchens. Diese Energie kann aufgeteilt werden in die Ruhenergie plus kinetische Energie (Abschnitt 5.1).

Die relativistische Masse m_{rel} ist eine weniger fundamentale Größe als die Masse selbst. So ist die Masse (Ruhmasse) eines Elektrons eine unveränderliche Eigenschaft wie seine Ladung. Die insofern untergeordnete Rolle von m_{rel} spricht aber natürlich nicht dagegen, diesen Begriff einzuführen.

Die Geschwindigkeit v eines Teilchens kann sich der Lichtgeschwindigkeit allenfalls annähern. Hier kann die relativistische Masse $m_{rel}(v)$ nützlich sein, die eine für $v \to c$ divergierende effektive Trägheit widerspiegelt (Abschnitt 5.2).

Die besondere Bedeutung der relativistischen Masse liegt aber darin, dass das Rezept $m \to m_{rel}$ in sehr einfacher Weise den Übergang von Newton zu den relativistischen Bewegungsgleichungen zu ermöglichen scheint.

© Springer-Verlag GmbH Deutschland, ein Teil von Springer Nature 2018
T. Fließbach, *Die relativistische Masse*,
https://doi.org/10.1007/978-3-662-58084-4_6

Das Rezept $m \rightarrow m_{rel}$ ist gültig, wenn die Geschwindigkeit parallel zur Kraft ist. Für den wichtigen Fall der Lorentzkraft kann das Rezept zum richtigen Ergebnis führen, (4.5) zu (4.6). Die angeführten Vorbehalte (Kapitel 4) gegen das Rezept könnte man als akademisches Gepländkel abtun, auch weil alle Akteure letztlich die korrekten relativistischen Gleichungen verwenden.

6.2 m_{rel} ist nicht ok

Man kann einwenden, dass es unschön ist, neben der Masse m noch eine andere Größe mit dem Begriff „Masse" zu bezeichnen. Für dieses Argument wird man darauf verweisen, dass die relativistische Masse m_{rel} (geschwindigkeitsabhängige Energie eines Teilchens) etwas wesentlich anderes ist als die Masse m (Eigenschaft eines Teilchens, insbesondere eines Elementarteilchens).

Natürlich wird die relativistische Energie $E = m_{rel} c^2$ in jedem Lehrbuch vorkommen. Dazu muss m_{rel} selbst aber nicht eingeführt werden. Insofern ist dieser Begriff entbehrlich, mancher wird ihn als obsolet einstufen.

Die hier aufgeführten ästhetischen Punkte gegen den Begriff der relativistischen Masse sind als Geschmacksache einzustufen, also jedenfalls als weiche Argumente. Wichtiger ist dagegen die Frage nach der Gültigkeit des Rezepts $m \rightarrow m_{rel}$. Wie oben im Einzelnen dargelegt, funktioniert das Rezept $m \rightarrow m_{rel}$ vielfach, speziell für den Übergang von (4.5) zu (4.6), und für den Fall $v \parallel F_N$. Das Rezept ist aber nicht allgemein gültig.

Der entscheidende Punkt ist, dass die Gültigkeit des Rezepts $m \rightarrow m_{\text{rel}}$ eng mit der *Logik* verknüpft ist, mit der physikalische Gesetze mit Hilfe von Symmetrien verallgemeinert werden. Wir skizzieren einige Beispiele für diese Logik:

1. Wegen der Isotropie des Raums stellt man physikalische Gesetze in Form von 3-Tensorgleichungen auf. Wenn das Gesetz in einem speziellen Koordinatensystem bekannt ist, dann ist die 3-Tensorgleichung aufzustellen, die sich im Spezialfall auf das bekannte Gesetz reduziert.

2. Wegen des Einsteinschen Relativitätsprinzips stellt man relativistische Gesetze in Form von Lorentztensorgleichungen auf. Im nicht-relativistischen Fall muss sich das Gesetz auf das bekannte Newtonsche Gesetz reduzieren.

   Konkret gilt für die Bewegung eines Teilchens: Die relativistische Bewegungsgleichung ist so aufzustellen, dass sie sich im momentanen Ruhsystem ($v' \rightarrow 0$) auf den bekannten Newtonschen Grenzfall reduziert.

3. Wegen des Einsteinschen Äquivalenzprinzips stellt man allgemein-relativistische Gesetze in Form von Riemann-Tensorgleichungen auf (in allgemein kovarianter Form). Im Grenzfall ohne Gravitation muss sich das gesuchte Gesetz auf das bekannte SRT-Gesetz reduzieren.

Das Gravitationsfeld wird durch den metrischen Tensor $g_{\alpha\beta}$ beschrieben. Im Grenzfall $g_{\alpha\beta} \to \eta_{\alpha\beta}$ (konkret im frei fallenden Satellitenlabor) muss sich das ART-Gesetz auf den bekannten SRT-Grenzfall reduzieren.

Diese Beispiele machen deutlich: Die Logik zur Aufstellung physikalischer Gesetze aufgrund von Symmetrieprinzipien erfordert die die genaue Festlegung des bekannten Grenzfalls. Diese Festlegung ist aber inkompatibel mit dem Rezept $m \to m_{\text{rel}}$. Wir erläutern diese Inkompatibilität noch einmal für die Bewegung im elektromagnetischen Feld.

Die relativistische Bewegungsgleichung (A.39) reduziert sich im momentanen Ruhsystem auf (4.8):

$$m \, \frac{d u^\alpha}{d\tau} = \frac{q}{c} \, F^{\alpha\beta} u_\beta \qquad \xrightarrow[\text{IS} \to \text{IS}']{v' \to 0} \qquad m \, \frac{d \boldsymbol{v}'}{dt'} = q \, \boldsymbol{E}'$$

$$(6.2)$$

Man sieht auf den ersten Blick, dass die linke Seite die korrekte relativistische Gleichung ist, und die rechte Seite der Newtonsche Grenzfall für $v' \to 0$. Man kann nun leicht nachrechnen, dass das Rezept $m \to m_{\text{rel}}$ von der gültigen Newtonschen Gleichung $d(m \boldsymbol{v}')/dt' = q \, \boldsymbol{E}'$ zu einem falschen Ergebnis führt. (Das liegt daran, dass die Kraft $q \boldsymbol{E}'$ in der Ordnung v^2/c^2 von der Lorentzkraft abweicht, siehe Abschnitte 4.3 und 4.4.). Das Rezept $m \to m_{\text{rel}}$ ist daher inkompatibel mit der notwendigen Festlegung des Newtonschen Grenzfalls.

Die begrenzte Anwendbarkeit des Rezepts $m \to m_{\text{rel}}$ ist der erste Kritikpunkt, der Verstoß gegen die Logik der Theoretischen Physik der andere zentrale Einwand.

6.3   Version A oder B?

In Kapitel 4 haben wir die Relation zwischen Newtonscher Kraft F_N und Minkowskikraft F betrachtet. Dabei standen die Möglichkeiten $F = \gamma F_N$ (Version A) und $F = \gamma F_{N\parallel} + F_{N\perp}$ (Version B) zur Auswahl.

Um die Relation $F_N \leftrightarrow F$ zu bestimmen, muss man die Newtonsche Kraft F_N hinreichend genau definieren. Und da führt im Rahmen der Logik der Theoretischen Physik (Abschnitt 6.2) kein Weg am Newtonschen Grenzfall (IS$'$ mit $v' \to 0$) vorbei. Das impliziert dann die Version B, $F = \gamma F_{N\parallel} + F_{N\perp}$.

In Lehrbüchern der Theoretischen Physik findet man dennoch häufig die Relation $F = \gamma F_N$, also Version A. Dabei wird $F = \gamma F_N$ teilweise explizit zusammen mit dem Rezept $m \to m_{\mathrm{rel}}$ angegeben, teilweise aber auch ohne das Rezept. (Für die hier betrachteten Bewegungsgleichungen sind dieses Rezept und Version A äquivalent, siehe Diskussion zu (4.4)). Die Version A hat zum einen eine lange Tradition, zum anderen aber auch eine gewisse Plausibilität: Wenn man von (4.5) und (4.6) ausgeht, dann kann man durchaus versucht sein, die Version A abzulesen. Dieses Vorgehen wird dadurch begünstigt, dass die aufgezeigte Problematik der Version A keine praktischen Konsequenzen hat; denn es werden letztlich die richtigen relativistischen Gleichungen benutzt. Im Rahmen der Logik der Theoretischen Physik (Abschnitt 6.2) sollte man die Version A aber nicht verwenden.

6.4 Schlussbemerkung

Für das Gymnasium erscheint es vertretbar, das Rezept $m \rightarrow m_{\text{rel}}$ zu verwenden. Das Rezept funktioniert ja in vielen Fällen, und es ist vor allem sehr einfach einzuführen. Die begrenzte Gültigkeit des Rezepts kann man im Zuge einer didaktischen Elementarisierung tolerieren.

Ob man das Vertretbare auch wirklich so machen soll, das müssen die zuständigen Lehrer und Didaktiker beurteilen. Immerhin kann ich mir vorstellen, dass man die grundsätzliche Logik zur Aufstellung physikalischer Gesetze (auch im Fall der ART) durchaus in der Oberstufe präsentieren kann.

Ein Lehrbuch der Theoretischen Physik kann den Begriff der relativistischen Masse $m_{\text{rel}}(v)$ natürlich einführen, kann aber auch leicht auf ihn verzichten. Die Ersetzung $m \rightarrow m_{\text{rel}}$ als allgemeines Rezept zur Aufstellung relativistischer Gesetze sollte jedenfalls nicht verwendet werden (ebenso wenig wie die Version A für die Kräfte). Denn die Logik zur Aufstellung physikalischer Gesetze hat im Rahmen der Theoretischen Physik eine hohe Priorität.

A   Kovariante Elektrodynamik

A.1   Maxwellgleichungen für die Potenziale

Das zentrale Thema der relativistischen Masse m_{rel} und des Rezepts $m \rightarrow m_{\text{rel}}$ zur Aufstellung der relativistischen Gleichungen liegt im Bereich der Mechanik. Für das wichtige Beispiel der Lorentzkraft benötigen wir aber die Transformationseigenschaften der elektromagnetischen Felder. In diesem Anhang stellen wir daher die wesentlichen Gleichungen zusammen, die zeigen, dass die Elektrodynamik eine relativistische Theorie ist, also dass die Grundgleichungen kovariant (forminvariant unter LT) sind.

Die Maxwellgleichungen werden als bekannt vorausgesetzt:

$$\operatorname{div} \boldsymbol{E}(\boldsymbol{r}, t) \;=\; 4\pi \varrho(\boldsymbol{r}, t) \qquad \text{(A.1)}$$

$$\operatorname{rot} \boldsymbol{E}(\boldsymbol{r}, t) + \frac{1}{c}\frac{\partial \boldsymbol{B}(\boldsymbol{r}, t)}{\partial t} \;=\; 0 \qquad \text{(A.2)}$$

$$\operatorname{rot} \boldsymbol{B}(\boldsymbol{r}, t) - \frac{1}{c}\frac{\partial \boldsymbol{E}(\boldsymbol{r}, t)}{\partial t} \;=\; \frac{4\pi}{c}\,\boldsymbol{j}(\boldsymbol{r}, t) \qquad \text{(A.3)}$$

$$\operatorname{div} \boldsymbol{B}(\boldsymbol{r}, t) \;=\; 0 \qquad \text{(A.4)}$$

Hier ist $\boldsymbol{E}$ das elektrische und $\boldsymbol{B}$ das magnetische Feld, ϱ ist die Ladungsdichte und $\boldsymbol{j}$ die Stromdichte. Diese Feldgleichungen werden ergänzt durch die Lorentzkraft auf ein Teilchen (Ladung q, am Ort $\boldsymbol{r}$), das sich im elektro-

© Springer-Verlag GmbH Deutschland, ein Teil von Springer Nature 2018
T. Fließbach, *Die relativistische Masse*,
https://doi.org/10.1007/978-3-662-58084-4

magnetischen Feld bewegt:

$$F_{\text{L}} = q \left(E(r, t) + \frac{v}{c} \times B(r, t) \right) \qquad \text{(A.5)}$$

Wir verwenden das Gaußsche Maßsystem (siehe Kapitel 5 in [2]).

Wir wollen diese Grundgleichungen in kovarianter Form anzugeben. Dazu führen wir zunächst die Potenziale Φ und A so ein, dass die homogenen Maxwellgleichungen div $B = 0$ und rot $E + \dot{B}/c = 0$ erfüllt sind (die Zeitableitung wird durch den Punkt über dem Symbol abgekürzt). Das quellfreie B-Feld kann als Rotationsfeld geschrieben werden:

$$B(r, t) = \text{rot}\, A(r, t) \qquad \text{(A.6)}$$

Eingesetzt in (A.2) ergibt sich rot $(E + \dot{A}/c) = 0$. Das wirbelfreie Feld $E + \dot{A}/c$ kann als Gradientenfeld dargestellt werden:

$$E(r, t) = -\,\text{grad}\, \Phi(r, t) - \frac{1}{c} \frac{\partial A(r, t)}{\partial t} \qquad \text{(A.7)}$$

Durch (A.6) und (A.7) werden die sechs Felder E und B auf vier Felder reduziert, und zwar auf das skalare Potenzial Φ und das Vektorpotenzial A.

Die Feldgleichungen für Φ und A ergeben sich aus den inhomogenen Maxwellgleichungen. Aus (A.1) folgt

$$\Delta \Phi + \frac{1}{c} \frac{\partial (\text{div}\, A)}{\partial t} = -4\pi \varrho \qquad \text{(A.8)}$$

Aus (A.3) folgt

$$\Delta A - \frac{1}{c^2} \frac{\partial^2 A}{\partial t^2} - \text{grad} \left(\text{div}\, A + \frac{1}{c} \frac{\partial \Phi}{\partial t} \right) = -\frac{4\pi}{c}\, j$$
$$\text{(A.9)}$$

Dabei wurde $\mathrm{rot\,rot}\,A = -\Delta A + \mathrm{grad\,div}\,A$ verwendet. Die Gleichungen (A.8) und (A.9) stellen vier gekoppelte partielle Differenzialgleichungen für die vier Felder Φ und A dar.

Die Potenziale Φ und A sind durch die physikalischen Felder E und B nicht eindeutig festgelegt. Die Transformation $A \to A + \mathrm{grad}\,\Omega(r, t)$ ändert das B-Feld nicht. Damit auch das E-Feld in (A.7) unverändert bleibt, muss gleichzeitig das skalare Potenzial mittransformiert werden: $\Phi \to \Phi - (\partial \Omega/\partial t)/c$. Diese Transformationen heißen *Eichtransformationen* . Die Möglichkeit einer solchen Eichtransformation nutzen wir aus, indem wir die Bedingung

$$\mathrm{div}\,A + \frac{1}{c}\frac{\partial \Phi}{\partial t} = 0 \qquad \text{(Lorenzeichung)} \qquad \text{(A.10)}$$

an die Potenziale stellen. Diese skalare Bedingung kann durch eine geeignete Wahl der skalaren Funktion $\Omega(r, t)$ erfüllt werden. Sie wird als *Lorenzeichung* bezeichnet. Mit (A.10) werden (A.8) und (A.9) zu

$$\Delta \Phi(r, t) - \frac{1}{c^2}\frac{\partial^2 \Phi(r, t)}{\partial t^2} = -4\pi \varrho(r, t) \qquad \text{(A.11)}$$

$$\Delta A(r, t) - \frac{1}{c^2}\frac{\partial^2 A(r, t)}{\partial t^2} = -\frac{4\pi}{c}\, j(r, t) \qquad \text{(A.12)}$$

Damit haben wir vier *entkoppelte* Differenzialgleichungen für die Felder Φ, A_x, A_y und A_z erhalten. Das ist eine wesentliche Vereinfachung gegenüber (A.1)−(A.4). Wegen (A.10) sind nur drei der vier Felder Φ und A voneinander unabhängig.

A.2 Lorentzinvarianz der Ladung

Im Folgenden verwenden wir die Rechenregeln für Lorentztensoren aus Abschnitt 2.5.

Wir leiten div $E = 4\pi\varrho$ nach der Zeit ab, und bilden die Divergenz der Gleichung rot $B - (\partial E/\partial t)/c = (4\pi/c)\,j$. Die Kombination der beiden Ergebnisse ergibt die Kontinuitätsgleichung

$$\frac{\partial\varrho(r,t)}{\partial t} + \operatorname{div} j(r,t) = 0 \qquad (A.13)$$

Hiervon ausgehend zeigen wir, dass die Ladung ein Lorentzskalar ist.

Wir fassen die Zeit- und Ortskoordinaten zu Lorentz- oder 4-Vektoren zusammen $(x^\alpha) = (ct, x, y, z) = (ct, r)$ und $(x_\alpha) = (ct, -r)$. Die partiellen Ableitungen

$$\partial_\alpha = \frac{\partial}{\partial x^\alpha} \quad \text{und} \quad \partial^\alpha = \frac{\partial}{\partial x_\alpha} \qquad (A.14)$$

sind ko- oder kontravariante Lorentzvektoren.

Wir führen folgende, vierfach indizierte Größe ein:

$$\left(j^\alpha \right) = (c\varrho, j_x, j_y, j_z) \qquad (A.15)$$

Dies ist zunächst eine Definition und (noch) keine Aussage über das Transformationsverhalten dieser Größe. Damit lässt sich (A.13) in der Form

$$\partial_\alpha j^\alpha(x) = 0 \qquad (A.16)$$

schreiben. Im Argument steht x für t, r oder für x^0, x^1, x^2, x^3. Mit den Maxwellgleichungen gilt auch (A.16) in allen Inertialsystemen, also

$$\partial'_\alpha j'^\alpha(x') = 0 \qquad (A.17)$$

Die gestrichenen Größen beziehen sich auf ein beliebiges, relativ zu IS bewegtes IS'. Aus (A.16) und (A.17) folgt, dass $\partial_\alpha j^\alpha$ ein Lorentzskalar ist. Da ∂_α ein 4-Vektor ist, gilt für die *Viererstromdichte* j^α:

$$j^\alpha(x) \text{ ist ein 4-Vektorfeld, also } j'^\alpha(x') = \Lambda^\alpha_\beta \, j^\beta(x)$$
(A.18)

Zur Diskussion der Transformationseigenschaft von j^α betrachten wir den Fall, dass es in IS nur eine Ladungsdichte ϱ gibt, also $(j^\alpha) = (c\varrho, 0)$. In einem relativ mit $\boldsymbol{v}$ bewegten IS' ist die Viererstromdichte dann

$$\left(j'^\alpha \right) = \Lambda(\boldsymbol{v})\,(c\varrho, 0) = \gamma\,(c\varrho, -\varrho\,\boldsymbol{v}) = (c\varrho', -\varrho'\,\boldsymbol{v})$$
(A.19)

wobei $\gamma = 1/\sqrt{1 - v^2/c^2}$. Für die Ladungsdichte, also die Ladung pro Volumen, gilt daher

$$\varrho' = \frac{dq'}{dV'} = \gamma\,\varrho = \gamma\,\frac{dq}{dV} \qquad (A.20)$$

Das betrachtete Volumenelement erleidet bei der Transformation in der Richtung von v eine Längenkontraktion, also $dV' = dV/\gamma$. Damit erhalten wir

$$dq = dq' \qquad (A.21)$$

Da dies für jedes Ladungselement gilt, ist die Ladung q ein Lorentzskalar. Die Lorentzinvarianz der Ladung bedeutet physikalisch, dass die Ladung eines Teilchens unabhängig von seiner Bewegung ist. Experimentell wird die Unabhängigkeit der Ladung von der Geschwindigkeit durch die Neutralität des Wasserstoffatoms verifiziert. Ein

Proton und ein Elektron haben die Gesamtladung null, und zwar unabhängig von ihrer Bewegung. Dies gilt zum Beispiel nicht für die Masse; die Ruhmasse des Wasserstoffatoms ist nicht die Summe der Ruhmassen von Proton und Elektron.

Aus der Kontinuitätsgleichung (A.13) folgt die Konstanz der Ladung in doppeltem Sinn: Zum einen hängt die Ladung eines abgeschlossenen Systems nicht von der Zeit ab. Zum anderen hängt die Ladung nicht vom Bewegungszustand ab.

A.3   Kovariante Maxwellgleichungen

Wir führen die Größe $(A^\alpha) = (\Phi, A_x, A_y, A_z)$ ein. Dies ist zunächst eine Definition und (noch) keine Aussage über das Transformationsverhalten dieser Größen. Damit lassen sich die Gleichungen (A.11) und (A.12) in der Form

$$\Box \, A^\alpha(x) \; = \; \frac{4\pi}{c} \, j^\alpha(x) \qquad (A.22)$$

zusammenfassen, wobei der d'Alembert-Operator verwendet wurde, $\Box = \partial_\beta \, \partial^\beta = (\partial^2/\partial t^2)/c^2 - \Delta$. Mit j^α muss daher auch die linke Seite ein Lorentzvektor sein. Da der d'Alembert-Operator ein Lorentzskalar ist, folgt für das *Viererpotenzial* A^α

$$(A^\alpha(x)) = \left(\Phi, A_x, A_y, A_z \right) \text{ ist ein 4-Vektorfeld}$$
$$(A.23)$$

Damit ist $\partial_\alpha \, A^\alpha$ ein Lorentzskalar, und die Lorenzeichung (A.10) wird zu

$$\partial_\alpha \, A^\alpha(x) \; = \; 0 \qquad (A.24)$$

Die Maxwellgleichungen (A.22) mit (A.24) und die Kontinuitätsgleichung (A.16) sind *kovariante Gleichungen*, das heißt sie sind forminvariant unter Lorentztransformationen.

Wir wollen nun noch die kovariante Form der Maxwellgleichungen für die direkt messbaren Felder E und B aufstellen. Die Verbindung dieser Felder mit den Potenzialen ist in (A.6) und (A.7) gegeben:

$$E = -\nabla \Phi - \frac{1}{c} \frac{\partial A}{\partial t} \, , \qquad B = \nabla \times A \qquad (A.25)$$

Durch

$$F^{\alpha\beta} = \partial^{\alpha} A^{\beta} - \partial^{\beta} A^{\alpha} \qquad \text{(Feldstärketensor)} \qquad (A.26)$$

definieren wir den antisymmetrischen *Feldstärketensor* $F^{\alpha\beta}$. Aus dieser Definition folgt sofort, dass $F^{\alpha\beta}$ invariant unter der Eichtransformation $A^{\alpha} \longrightarrow A^{\alpha} - \partial^{\alpha} \Omega$ ist. Aus (A.26) folgen die Komponenten des Feldstärketensors:

$$\left(F^{\alpha\beta} \right) = \begin{pmatrix} 0 & -E_x & -E_y & -E_z \\ E_x & 0 & -B_z & B_y \\ E_y & B_z & 0 & -B_x \\ E_z & -B_y & B_x & 0 \end{pmatrix} \qquad (A.27)$$

Dabei waren die Vorzeichen zu beachten: $\partial^{i} = \partial/\partial x_i = -\partial/\partial x^{i} = -\nabla \cdot e_i$.

In (A.22) schreiben wir $\square = \partial_{\beta} \partial^{\beta}$ und fügen den Term $\partial_{\beta} \partial^{\alpha} A^{\beta} = \partial^{\alpha} \partial_{\beta} A^{\beta} = 0$ hinzu,

$$\partial_{\beta} \left(\partial^{\beta} A^{\alpha} - \partial^{\alpha} A^{\beta} \right) = \frac{4\pi}{c} j^{\alpha} \qquad (A.28)$$

Dies sind die vier inhomogenen Maxwellgleichungen für $F^{\alpha\beta}$:

$$\partial_\beta F^{\beta\alpha}(x) = \frac{4\pi}{c} j^\alpha(x) \begin{cases} \alpha = 0: & \operatorname{div} \boldsymbol{E} = 4\pi\varrho \\[2ex] \alpha = i: & \operatorname{rot} \boldsymbol{B} - \dfrac{\dot{\boldsymbol{E}}}{c} = \dfrac{4\pi}{c} \boldsymbol{j} \end{cases}$$

(A.29)

Die linke Seite zeigt explizit die Kovarianz unter LT.

Mit Hilfe des total antisymmetrischen Tensors aus (2.32) definieren wir den *dualen* Feldstärketensor

$$\left(\widetilde{F}^{\alpha\beta} \right) = \frac{1}{2} \left(\varepsilon^{\alpha\beta\gamma\delta} F_{\gamma\delta} \right) = \begin{pmatrix} 0 & -B_x & -B_y & -B_z \\ B_x & 0 & E_z & -E_y \\ B_y & -E_z & 0 & E_x \\ B_z & E_y & -E_x & 0 \end{pmatrix}$$

(A.30)

Der duale Feldstärketensor ist ein antisymmetrischer Lorentzpseudotensor 2-ter Stufe. Die homogenen Maxwellgleichungen lassen sich mit dem dualen Feldstärketensor ausdrücken:

$$\partial_\beta \widetilde{F}^{\beta\alpha} = 0 \begin{cases} \alpha = 0: & \operatorname{div} \boldsymbol{B} = 0 \\[2ex] \alpha = i: & \operatorname{rot} \boldsymbol{E} + \dfrac{\dot{\boldsymbol{B}}}{c} = 0 \end{cases}$$

(A.31)

A.4   Transformation der Felder

Da $F^{\alpha\beta}$ ein Lorentztensor ist, gilt für dasselbe Feld in einem anderen Inertialsystem IS'

$$F'^{\alpha\beta} = \Lambda^{\alpha}_{\gamma}\,\Lambda^{\beta}_{\delta}\,F^{\gamma\delta} \quad \text{oder} \quad F' = \Lambda\,F\,\Lambda^{\mathrm{T}} \qquad \text{(A.32)}$$

Das System IS' bewege sich relativ zu IS mit der Geschwindigkeit $\boldsymbol{v} = v\,\boldsymbol{e}_x$, die Koordinatenachsen seien parallel und zum Zeitpunkt $t = t' = 0$ liegen die Ursprünge an derselben Stelle (wie in Abbildung 1). Dann sind IS und IS' durch die spezielle Lorentztransformation (2.14, 2.19) mit

$$\Lambda = \left(\Lambda^{\alpha}_{\beta}\right) = \begin{pmatrix} \gamma & -\gamma\,v/c & 0 & 0 \\ -\gamma\,v/c & \gamma & 0 & 0 \\ 0 & 0 & 1 & 0 \\ 0 & 0 & 0 & 1 \end{pmatrix} \qquad \text{(A.33)}$$

verbunden. Hiermit und mit (A.27) führen wir die Matrixmultiplikation

$$F' = \Lambda\,F\,\Lambda^{\mathrm{T}} \qquad \text{(A.34)}$$

aus und erhalten

$$F' = \begin{pmatrix} 0 & -E_x & -E_y\,\gamma + B_z\,\gamma\,\dfrac{v}{c} & -E_z\,\gamma - B_y\,\gamma\,\dfrac{v}{c} \\[2mm] & 0 & -B_z\,\gamma + E_y\,\gamma\,\dfrac{v}{c} & B_y\,\gamma + E_z\,\gamma\,\dfrac{v}{c} \\[2mm] & & 0 & -B_x \\[2mm] & & & 0 \end{pmatrix}$$

$$\text{(A.35)}$$

Die Elemente links von der Diagonale ergeben sich aus $F'^{\alpha\beta} = -F'^{\beta\alpha}$; sie werden hier nicht mit angeschrieben. Nach (A.27) gilt in IS'

$$F' = \left(F'^{\alpha\beta} \right) = \begin{pmatrix} 0 & -E'_x & -E'_y & -E'_z \\ & 0 & -B'_z & B'_y \\ & & 0 & -B'_x \\ & & & 0 \end{pmatrix} \quad (A.36)$$

Aus dem Vergleich von (A.36) mit (A.35) erhalten wir die Transformation zwischen den Komponenten der Felder in IS' und IS. Die Teile des Felds, die parallel oder senkrecht zu $\boldsymbol{v}$ stehen, transformieren sich unterschiedlich:

$$\boldsymbol{E}'_\parallel = \boldsymbol{E}_\parallel \, , \qquad \boldsymbol{E}'_\perp = \gamma \left(\boldsymbol{E}_\perp + \frac{\boldsymbol{v}}{c} \times \boldsymbol{B} \right) \quad (A.37)$$

$$\boldsymbol{B}'_\parallel = \boldsymbol{B}_\parallel \, , \qquad \boldsymbol{B}'_\perp = \gamma \left(\boldsymbol{B}_\perp - \frac{\boldsymbol{v}}{c} \times \boldsymbol{E} \right) \quad (A.38)$$

A.5   Lorentzkraft

Wir suchen die Minkowskikraft F^α, die das elektromagnetische Feld auf ein geladenes Teilchen ausübt[4]. Wegen (A.5) muss F^α linear in der Feldstärke $F^{\alpha\beta}$, linear in der Geschwindigkeit u^α und proportional zur Ladung q sein. Der einfachste Ansatz ergibt die Bewegungsgleichungen

$$m \, \frac{d u^\alpha}{d\tau} = \frac{q}{c} \, F^{\alpha\beta} u_\beta \quad (A.39)$$

---

[4] Das Symbol F wird für die Minkowskikraft F^α und für den Feldstärketensor $F^{\alpha\beta}$ verwendet. Über die Anzahl ihrer Indizes sind diese Größen zu unterscheiden.

Hierbei ist $(u^\alpha) = \gamma\,(c,\,\boldsymbol{v})$ und $d\tau = dt/\gamma$. Mit folgender Argumentation sieht man, dass (A.39) die richtige Gleichung ist:

1. Die Gleichung (A.39) ist kovariant. Wenn sie in einem IS richtig ist, so gilt sie in jedem anderen IS$'$. Es genügt also, ihre Gültigkeit in einem speziellen IS$'$ zu zeigen.

2. Als spezielles Inertialsystem wählen wir das momentan mitbewegte IS$'$. In IS$'$ gilt $v' = 0, d\tau = dt'$ und damit

$$\left(\frac{du'^\alpha}{d\tau}\right) = \left(0,\ \frac{d\boldsymbol{v}'}{dt'}\right) \qquad \text{(in IS}'\text{)} \qquad \text{(A.40)}$$

Wegen $(u'_\alpha) = (c, 0)$ in IS$'$ wird die rechte Seite von (A.39) zu

$$\frac{q}{c}\left(F'^{\alpha\beta}u'_\beta\right) = \frac{q}{c}\left(F'^{\alpha 0}c\right) = \left(0,\ q\,\boldsymbol{E}'\right) \qquad \text{(in IS}'\text{)}$$
$$\text{(A.41)}$$

Mit den letzten beiden Gleichungen wird (A.39) zu $m\,(d\boldsymbol{v}'/dt') = q\,\boldsymbol{E}'$, also zur gültigen Newtonschen Bewegungsgleichung in IS$'$.

Damit ist die Gültigkeit von (A.39) gezeigt.

Die rechte Seite von (A.39) ist nach (3.10) gleich der Minkowskikraft

$$F^\alpha = \frac{q}{c} F^{\alpha\beta} u_\beta \qquad \text{(A.42)}$$

Wir drücken die Minkowskikraft $(F^\alpha) = (F^0, \boldsymbol{F})$ durch die Felder $\boldsymbol{E}$ und $\boldsymbol{B}$ aus:

$$F^0 \;=\; \gamma q \, \boldsymbol{E} \cdot \frac{\boldsymbol{v}}{c} \qquad \text{(A.43)}$$

$$\boldsymbol{F} \;=\; \gamma \boldsymbol{F}_\mathrm{L} = \gamma q \left(\boldsymbol{E} + \frac{\boldsymbol{v}}{c} \times \boldsymbol{B} \right) \qquad \text{(A.44)}$$

Dabei ist $\boldsymbol{F}_\mathrm{L} = q \, (\boldsymbol{E} + \boldsymbol{v} \times \boldsymbol{B}/c)$ die *Lorentzkraft*. Mit (A.43) und (A.44) schreiben wir die Bewegungsgleichung (A.39) an, wobei wir auf der linken Seite $(u^\alpha) = \gamma (c, \boldsymbol{v})$ und $d\tau = dt/\gamma$ verwenden:

$$\frac{d}{dt} \frac{m c^2}{\sqrt{1 - v^2/c^2}} \;=\; q \, \boldsymbol{E} \cdot \boldsymbol{v} \qquad \text{(A.45)}$$

$$\frac{d}{dt} \frac{m \boldsymbol{v}}{\sqrt{1 - v^2/c^2}} \;=\; q \left(\boldsymbol{E} + \frac{\boldsymbol{v}}{c} \times \boldsymbol{B} \right) \qquad \text{(A.46)}$$

Für $v^2/c^2 \ll 1$ erhalten wir aus der letzten Gleichung die Näherung

$$m \frac{d\boldsymbol{v}}{dt} = q \left(\boldsymbol{E} + \frac{\boldsymbol{v}}{c} \times \boldsymbol{B} \right) + \mathcal{O}\!\left(\frac{v^2}{c^2} \right) \qquad \text{(A.47)}$$

Die Lorentzkraft $\boldsymbol{F}_\mathrm{L} = q \, (\boldsymbol{E} + \boldsymbol{v} \times \boldsymbol{B}/c)$ kann also auch in der nichtrelativistischen Mechanik verwendet werden.

A.6   Lorentzkraft: Version A oder B?

Für die Relation zwischen Newtonscher Kraft F_N und Minkowskikraft F haben wir die Alternativen $F = \gamma\, F_N$ (Version A) und $F = \gamma\, F_{N\parallel} + F_{N\perp}$ (Version B) untersucht (Kapitel 4). Vor dem Hintergrund der vollständigen Darstellung der Elektrodynamik in diesem Anhang wiederholen wir diese Diskussion unter einem etwas anderen Blickwinkel. Dazu verwenden wir den Newtonschen Grenzfall und die bekannten Beziehungen für die elektromagnetischen Felder.

Ausgangspunkt ist der Newtonsche Grenzfall $v' \to 0$ im momentanen Ruhsystem IS',

$$m\,\frac{d\boldsymbol{v}'}{dt'} = q\,\boldsymbol{E}' = \boldsymbol{F}_N \qquad (v' \to 0) \qquad \text{(A.48)}$$

Die Version A mit $F = \gamma\, F_N$ und die Version B mit $F = \gamma\, F_{N\parallel} + F_{N\perp}$ ergeben hierfür

$$\text{Version A:} \qquad \boldsymbol{F} = q\left(\gamma\,\boldsymbol{E}'_\parallel + \gamma\,\boldsymbol{E}'_\perp\right) \qquad \text{(A.49)}$$

$$\text{Version B:} \qquad \boldsymbol{F} = q\left(\gamma\,\boldsymbol{E}'_\parallel + \boldsymbol{E}'_\perp\right) \qquad \text{(A.50)}$$

Wir schreiben noch einmal die Beziehung (A.37) an, den Zusammenhang zwischen dem Feld $\boldsymbol{E}'$ und den Feldern $\boldsymbol{E}$, $\boldsymbol{B}$ in IS (in dem sich das Teilchen mit der Geschwindigkeit $\boldsymbol{v}$ bewegt) angibt:

$$\boldsymbol{E}'_\parallel = \boldsymbol{E}_\parallel, \qquad \boldsymbol{E}'_\perp = \gamma\left(\boldsymbol{E}_\perp + \frac{\boldsymbol{v}}{c} \times \boldsymbol{B}\right) \qquad \text{(A.51)}$$

Hiermit werden (A.49) und (A.50) zu

Version A: $\boldsymbol{F} = \gamma \, q \left(\boldsymbol{E}_\parallel + \gamma \, \boldsymbol{E}_\perp + \gamma \, \dfrac{\boldsymbol{v}}{c} \times \boldsymbol{B} \right)$ (falsch)

$$(A.52)$$

Version B: $\boldsymbol{F} = \gamma \, q \left(\boldsymbol{E}_\parallel + \boldsymbol{E}_\perp + \dfrac{\boldsymbol{v}}{c} \times \boldsymbol{B} \right)$ (richtig)

$$(A.53)$$

Version B führt zum richtigen Ergebnis (A.44). In Version A treten dagegen zusätzliche γ-Faktoren auf, die hier fehl am Platz sind.

Register

© Springer-Verlag GmbH Deutschland, ein Teil von Springer Nature 2018
T. Fließbach, *Die relativistische Masse*,
https://doi.org/10.1007/978-3-662-58084-4

W

Willkommen zu den Springer Alerts

- Unser Neuerscheinungs-Service für Sie:
  aktuell *** kostenlos *** passgenau *** flexibel

Springer veröffentlicht mehr als 5.500 wissenschaftliche Bücher jährlich in gedruckter Form. Mehr als 2.200 englischsprachige Zeitschriften und mehr als 120.000 eBooks und Referenzwerke sind auf unserer Online Plattform SpringerLink verfügbar. Seit seiner Gründung 1842 arbeitet Springer weltweit mit den hervorragendsten und anerkanntesten Wissenschaftlern zusammen, eine Partnerschaft, die auf Offenheit und gegenseitigem Vertrauen beruht.

Die SpringerAlerts sind der beste Weg, um über Neuentwicklungen im eigenen Fachgebiet auf dem Laufenden zu sein. Sie sind der/die Erste, der/die über neu erschienene Bücher informiert ist oder das Inhaltsverzeichnis des neuesten Zeitschriftenheftes erhält. Unser Service ist kostenlos, schnell und vor allem flexibel. Passen Sie die SpringerAlerts genau an Ihre Interessen und Ihren Bedarf an, um nur diejenigen Information zu erhalten, die Sie wirklich benötigen.

Printed in the United States
By Bookmasters